# Sur L'intégration Des Équations Aux Dérivées Partielles Du Second Ordre Par La Méthode Des Caractéristiques ...

Joseph Coulon

Nº D'ORDRE
1097

# THÈSES

PRÉSENTÉES

## A LA FACULTÉ DES SCIENCES DE PARIS

POUR OBTENIR

LE GRADE DE DOCTEUR ÈS SCIENCES MATHÉMATIQUES

**Par Joseph COULON**

---

1re THÈSE. — Sur l'intégration des équations aux dérivées partielles du second ordre par la méthode des caractéristiques.

2e THÈSE. — Propositions données par la Faculté.

---

**Soutenues le Mai 1902, devant la Commission d'examen**

---

MM. PICARD, *Président.*
KŒNIGS, GOURSAT, *Examinateurs.*

PARIS
LIBRAIRIE SCIENTIFIQUE A. HERMANN
ÉDITEUR, LIBRAIRE DE S. M. LE ROI DE SUÈDE ET DE NORWÈGE
6 et 12, rue de la Sorbonne. 6 et 12

1902

# ACADÉMIE DE PARIS

## FACULTÉ DES SCIENCES DE PARIS

| | MM. | |
|---|---|---|
| DOYEN | DARBOUX | Géométrie supérieure. |
| PROFESSEUR HONORAIRE | TROOST. | |
| PROFESSEURS | LIPPMANN. | Physique. |
| | HAUTEFEUILLE. | Minéralogie. |
| | BOUTY | Physique. |
| | APPELL | Mécanique rationnelle. |
| | DUCLAUX | Chimie biologique. |
| | BOUSSINESQ | Calcul des probabilités et Physique mathématique. |
| | PICARD. | Analyse supérieure et Algèbre supérieure. |
| | H. POINCARÉ. | Astronomie mathématique et Mécanique céleste. |
| | Yves DELAGE. | Zoologie, Anatomie, Physiologie comparée. |
| | Gaston BONNIER. | Botanique. |
| | DASTRE | Physiologie. |
| | DITTE | Chimie. |
| | MUNIER-CHALMAS | Géologie. |
| | GIARD | Zoologie, Evolution des êtres organisés. |
| | WOLF | Astronomie physique. |
| | KOENIGS | Mécanique physique et expérimentale. |
| | VÉLAIN. | Géographie physique. |
| | GOURSAT | Calcul différentiel et Calcul intégral. |
| | CHATIN. | Histologie. |
| | PELLAT. | Physique. |
| | HALLER | Chimie organique. |
| | H. MOISSAN | Chimie. |
| | JOANNIS | Chimie (Enseign. P. C. N.). |
| | P. JANET | Physique. (id.) |
| | N | Zoologie, Anatomie, Physiologie comparée. |
| PROFESSEURS ADJOINTS | PUISEUX | Mécanique et Astronomie. |
| | RIBAN | Chimie analytique. |
| | RAFFY | Éléments d'Analyse et de Mécanique. |
| | LEDUC | Physique. |
| | HAUG | Géologie. |
| | HADAMARD | Calcul différentiel et Calcul intégral. |
| | ANDOYER | Astronomie mathématique et Mécanique céleste. |
| SECRÉTAIRE | FOUSSEREAU. | |

SAINT-AMAND (CHER). — IMPRIMERIE SCIENTIFIQUE BUSSIÈRE

A

MONSIEUR PIERRE DUHEM

MEMBRE CORRESPONDANT DE L'INSTITUT

PROFESSEUR DE PHYSIQUE THÉORIQUE A LA FACULTÉ DES SCIENCES DE BORDEAUX

*Hommage de reconnaissance et de respect.*

# PREMIÈRE THÈSE

## SUR L'INTÉGRATION
DES
## ÉQUATIONS AUX DÉRIVÉES PARTIELLES
DU SECOND ORDRE

**PAR LA MÉTHODE DES CARACTÉRISTIQUES**

### INTRODUCTION

La méthode d'intégration de Riemann et la méthode de Green sont naturellement appropriées à la résolution des problèmes fondamentaux de la Physique mathématique. Mais tandis que la dernière s'est étendue d'elle-même à un nombre quelconque de variables indépendantes, on ne trouve qu'un petit nombre d'essais pour généraliser la méthode de Riemann.

Il semble qu'il faille en chercher l'une des principales causes dans l'indécision qui a longtemps existé sur la notion de caractéristiques dans le cas des équations aux dérivées partielles à $n$ variables. Quand on se place au point de vue de Riemann, la notion généralisée par Jules Beudon dans le tome XXV du *Bulletin de la Société mathématique de France* (*Sur les caractéristiques des équations aux dérivées partielles*, p. 108-120) semble la plus naturelle. Elle se déduit d'ailleurs directement du problème généralisé de Cauchy et l'interprétation qui lui correspond dans certains problèmes de mécanique montre qu'elle s'impose à la considération des physiciens.

L'objet principal de cette étude est d'apporter une contribution à l'extension de la méthode de Riemann en utilisant la notion de surface caractéristique telle que l'a donnée Jules Beudon. On ne considère que des équations du second ordre et l'on étudie la détermination de leurs intégrales par rapport à une certaine surface caractéristique à laquelle on peut donner le nom de surface à point singulier.

Le chapitre I contient l'exposé de la théorie des caractéristiques pour les équations aux dérivées partielles linéaires et du second ordre. On signalera la forme symétrique sous laquelle se laissent mettre les éléments d'une multiplicité dont on connaît le support, l'étude de la surface à point singulier et la classification des équations en partant de cette surface. On établit ensuite une formule qui peut être considérée comme la généralisation de la célèbre formule de Green pour les équations à coefficients variables ; elle permet d'utiliser d'une façon heureuse les propriétés des surfaces caractéristiques.

Le chapitre II renferme l'extension de la méthode de Volterra aux équations à coefficients variables lorsqu'on se place dans la région intérieure à la surface à point singulier. Le problème est ramené à la recherche d'une certaine intégrale. On établit son existence pour une classe d'équations en recourant à la méthode des approximations successives. Puis l'on fait connaître un certain nombre de formules nouvelles relatives aux nappes caractéristiques.

Les chapitres III et IV sont consacrés à l'intégration sur une surface fermée des équations à coefficients constants et à un nombre quelconque de variables.

La méthode de Riemann-Volterra se heurte à deux sortes de difficultés : la détermination de solutions particulières satisfaisant à des conditions déterminées et l'inversion de certaines intégrales.

Au chapitre III il est montré que la détermination des solutions fondamentales se ramène à l'étude d'une équation analogue à celle d'Euler et Poisson.

L'on parvient à exprimer les intégrales cherchées à l'aide des fonctions hypergéométriques et des fonctions de Bessel.

Dans le chapitre IV on effectue l'inversion par l'emploi répété du symbole de Laplace et l'on détermine tous les cas où cette inversion serait possible par l'application d'un nombre fini de ces symboles. Pour certaines valeurs des solutions fondamentales, les formules ne permettent point l'inversion. Mais si l'on effectue des différentiations convenables, on est conduit à des identités dont on trouvera l'expression. Dans le cas des équations représentées par le symbole $\Delta^{p,q}V + KV$, on a dû en outre recourir aux approximations successives.

Le chapitre V renferme les applications de ce qui précède et spécialement des caractéristiques à la théorie des ondes. Il repose sur cette remarque essentielle que les surfaces d'onde des physiciens correspondent aux surfaces caractéristiques [1] étudiées au chapitre I. Ce point de départ montre sous un nou-

[1] Cette relation est indiquée dans une communication faite à la Société des Sciences Physiques et Naturelles de Bordeaux à la séance du 22 février 1900, et plus tard dans une note parue aux *Comptes-Rendus* (séance du 17 avril 1900). Vers la même époque M. Hadamard avait déjà développé des considérations analogues dans son cours au collège de France. (Voir la note *Sur la propagation des ondes*, *Bulletin de la Société mathématique de France*, t. XXIX, p. 57).

veau jour les considérations sur ce sujet développées en hydrodynamique et dans la théorie du son ou de la lumière. Il permet de relier ou d'étendre des propositions en apparence isolées ou très particulières. On peut signaler la forme simple que prennent avec ces notations les conditions de compatibilité, la construction généralisée d'Huygens et le théorème sur les vitesses de propagation.

Les principaux résultats contenus dans ce travail ont été exposés dans des notes parues aux compte-rendus dans les séances du 19 mars et 17 avril 1900, du 11 février et du 16 juillet 1901.

Parmi les travaux antérieurs sur le même sujet on doit citer les recherches d'*Euler* (1), de *Cauchy* et de *Poisson* (2) sur les équations à coefficients constants et sur la Physique mathématique. Cauchy (3) en particulier est revenu à diverses reprises sur les équations à coefficients constants et sur la théorie des ondes. Il s'est proposé de résoudre le problème qui porte son nom et il y est parvenu par l'emploi de la formule de Fourier. Il déduit de ses résultats la notion de surface d'onde, mais sans la rattacher à sa véritable origine. Les travaux plus récents de M. *Poincaré* (4) et de M. *Boussinesq* (5) partent du même point de vue.

(1) *Integratio æquationum differentialum linearum cujuscumque gradus et quotcumque variabiles involventium;* ce mémoire est imprimé dans le tome IV des Acta Nova de l'Académie de Saint-Pétersbourg.

(2) *Sur l'intégration des équations linéaires aux différences partielles* (*Journal de l'Ecole Polytechnique*, 19e cahier, pp. 215-248; 1823). Voir aussi dans le même cahier le *Mémoire sur l'intégration des équations linéaires aux différences partielles à coefficients constants*, pp. 518-589.

Consulter aussi le *Mémoire sur la propagation du mouvement dans les milieux élastiques* (*Mémoires de l'Académie de France*, vol. X, pp. 549-605).

(3) Les mémoires de Cauchy sur cette question sont trop nombreux pour que nous puissions les énumérer. Nous nous contenterons de citer deux des plus importants :

1° *Mémoire sur l'intégration des équations aux différences partielles à coefficients constants* (*Journal de l'École Polytechnique*, 19e cahier, pp. 511-592; 1823).

2° *Mémoire sur l'application du calcul des résidus aux questions de Physique mathématique*, publié en 1827. Dans ce dernier mémoire, Cauchy perfectionne sa méthode. Il s'applique ensuite à diverses questions de Physique mathématique dans les mémoires de 1829 et 1830.

Il y revient encore en 1841 dans une série de notes aux *Comptes-Rendus*, t. XIII et XIV ou *Œuvres complètes*, série 1, t. VI. Son attention paraît avoir été rappelée sur ce point à la suite d'un rapport sur deux mémoires de Blanchet, qui se rapportent également au même sujet (Voir *Journal de Liouville*, t. V, pp. 1-30, 1840; t. VII, pp. 13-22 et 23-34, 1842 et t. IX, pp. 73-96).

(4) *Sur la propagation de l'électricité* (*Comptes-Rendus*, t. CXVII, p. 1027).

(5) *Intégration de l'équation du son pour un fluide indéfini à une, deux ou trois dimensions quand des résistances de nature diverse introduisent dans cette équation des termes respectivement proportionnels à la fonction caractéristique du mouvement ou à ses dérivées premières* (*Comptes-Rendus*, 1er semestre 1894, pp. 162-166, 223-226, 271-276).

Le mémoire de *Riemann : Sur la propagation des ondes aériennes planes avec une amplitude de vibration finie* (*Œuvres mathématiques* traduites par Laugel, p. 177-206), marque le début d'une nouvelle période. On y trouve utilisées pour la première fois les propriétés des caractéristiques. La méthode a été reprise et développée par plusieurs auteurs pour le cas de deux variables, spécialement par M. *Darboux* dans sa *théorie générale des surfaces* [1] et par M. *Dini* dans ses belles recherches sur les équations aux dérivées partielles du second ordre [2].

Mais ce procédé d'intégration n'aurait eu qu'un intérêt fort restreint sans l'application de la féconde méthode des approximations successives de M. *Picard*. A diverses reprises M. Picard a montré tout le parti qu'on pouvait en tirer pour démontrer l'existence des fonctions et étendre les résultats obtenus pour certaines formes particulières à des équations plus générales tout en ne faisant que le minimum d'hypothèses. On doit citer le *Mémoire sur les équations aux dérivées partielles et la méthode des approximations successives* (*Journal de mathématiques*, 4e série, t. VI p. 210 ; 1890), la note *Sur les méthodes d'approximations successives dans la théorie des équations différentielles* jointe au tome IV de la Théorie des surfaces, p. 353-367, et quelques intéressantes remarques *Sur les équations linéaires aux dérivées partielles du second ordre* dans le Bulletin des sciences mathématiques, 2e série, t, XIII ; juin 1899 [3]. Ces résultats ont été étendus par M. *Delassus* [4] aux équations linéaires les plus générales à deux variables et à certaines classes d'équations à trois variables. Une extension analogue a été également faite par M. *Nicoletti* [5].

M. *Leroux* [6], dans sa thèse, a modifié la méthode de Riemann. Il a montré que la méthode ainsi transformée pouvait s'appliquer aux équations à plus de

(1) T. II, pp. 71-98.

(2) *Rendiconti della reale Accademia dei Lincei*, 5e série, vol. V, pp. 391-392, 421-433, 1896 et vol. VI, pp. 5-16, 45-48 ; 1897.

(3) Voir aussi *Sur une équation aux dérivées partielles de la théorie de la propagation de l'électricité* (*Bulletin de la Société mathématique de France*, t. XXII, pp. 2-8; 1894).

(4) *Sur les équations linéaires aux dérivées partielles à caractéristiques réelles* (*Annales de l'Ecole normale*, 3e série, t. XII. *Supplément*, pp. 57-104 ; 1895).

(5) *Sull'estensione dei metodi di Picard e di Riemann aduna classe di equazioni a derivate parziali* (*Atti della reale accademia delle scienze di Napoli*, 2e série, vol. VIII, pp. 1-12 ; 1897).

(6) *Sur les intégrales des équations linéaires aux dérivées partielles du second ordre à deux variables indépendantes* (*Annales de l'Ecole normale*, 3e série, t. XII, pp. 227-316).

Voir aussi pour l'extension aux équations à deux variables d'ordre *n* : *Sur les équations linéaires aux dérivées partielles* (*Journal de Mathématique*, 5e série, t. IV, pp. 359-408 ; 1898) et pour l'extension aux équations à trois variables : *Intégration des équations linéaires aux dérivées partielles* (*Journal de Mathématique*, 5e série, t. VI, pp. 387-441 ; 1900).

deux variables grâce à la théorie des multiplicités de *J. Beudon*. Il a été conduit à effectuer l'inversion de certaines intégrales en recourant aux approximations successives. On a été conduit à l'emploi du même procédé dans ce travail.

Les travaux de M. *Volterra* (1) fournissent une autre extension de la méthode de Riemann. C'est celle qui est prise ici comme point de départ. On la trouve exposée en détail dans le mémoire *Sur les vibrations des corps élastiques isotropes (Acta mathematica*, t. XVIII, p. 161-231, 1894). Elle se rattache aux recherches de *Kirchhoff* (2) sur les formules qui expriment le principe de Huygens. M. *Tedone* (3), dans diverses notes et mémoires, a appliqué cette méthode à l'intégration des équations qui se rencontrent dans la théorie de l'élasticité des corps isotropes. Il l'a étendue à une classe particulière d'équations à un nombre quelconque de variables qui peuvent être considérées comme une généralisation de celles qui se rencontrent dans la théorie de l'élasticité. Plus récemment M. *R. d'Adhémar* (4) a montré que la méthode de M. Picard pouvait s'appliquer soit en partant des formules de M. Volterra, soit en partant de celles qui sont données dans une note aux Comptes-rendus du 19 mars 1900.

M. Hadamard a également fait paraître deux mémoires importants sur la même question dans le *Bulletin de la Société mathématique de France*, l'un

(1) *Sulle vibrazioni luminose nei mezzi isotropi (Atti della reale Accademia dei Lincei*, 5e série, vol. I, pp. 161-170; 1892).

*Sulle onde cilindriche nei mezzi isotropi* (*ibidem*, pp. 265-277).

*Sur les vibrations lumineuses dans les milieux biréfringents* (*Acta mathematica*, t. XVI, pp. 153-216; 1893).

(2) *Zur theorie der Lichtstrahlen* (*Sitzungsberichte der K. Akademie d. Wissenschaften*, 1882, S. 641-69.

Consulter aussi, sur le principe d'Huygens, les notes élégantes de E. Beltrami dans les *Rendiconti della reale Accademia dei Lincei*, 6 mars 1892; 21 juillet, 4 août, et 17 novembre 1895.

(3) *Sulla dimostrazione della formola che rappresenta analiticamente il principio di Huygens* (*Atti della reale Accademia dei Lincei*, 5e série, vol. V, pp. 357-360; 1896),

*Sulle vibrazioni dei corpi elastici* (*ibidem*, 2e semestre, pp. 57-65).

*Sull' integrazione dell' equazione* $\frac{\partial^2\varphi}{\partial t^2} - \sum_1^m \frac{\partial^2\varphi}{\partial x_i^2} = 0$ (*Annali di matematica*, 3e série, t. I, pp. 1-23; 1898).

*Su di un sistema generale di equazioni che si puo integrare col metodo delle caratteristiche* (*ibidem*).

(4) *Sur une intégration par approximations successives* (*Bulletin de la Société mathématique de France*, t. XXIX; 1901).

*Sur une classe d'équations aux dérivées partielles intégrables par approximations successives* (*Comptes-Rendus*, séance du 17 février 1902).

*Sur l'intégrale résiduelle*, t. XXVIII, p. 69-90, et l'autre *Sur la propagation des ondes*, t. XXIX, p. 50-60, a déjà été signalée.

Enfin on doit encore signaler les diverses notes sur la théorie des ondes publiées par M. *Duhem* dans les tomes CXXXI et CXXXII des *comptes-rendus* et ses excellentes *Leçons sur l'Hydrodynamique et l'Elasticité*. C'est dans ce dernier ouvrage que se trouvent signalées pour la première fois certaines particularités curieuses des équations des petits mouvements ainsi que les recherches d'*Hugoniot* (1) sur la propagation des ondes.

En terminant je désire exprimer toute la reconnaissance que je dois à M. Duhem pour l'intérêt qu'il a bien voulu montrer pour mon travail et pour l'appui et les encouragements qu'il n'a cessé de me donner.

J'adresse aussi mes remerciements à M. Picard et à M. Goursat pour l'accueil si bienveillant qu'ils ont fait à ces recherches.

(1) *Comptes rendus*, t. CI, 1885 ; *Journal de l'Ecole Polytechnique*, 6e et 8e cahier, 1887 ; et *Journal de Mathématiques pures et appliquées*, 4e série, t. III et IV

# CHAPITRE I

## LES SURFACES CARACTÉRISTIQUES DES ÉQUATIONS AUX DÉRIVÉES PARTIELLES LINÉAIRES DU SECOND ORDRE

### I. — Les Multiplicités

**1. Le Problème de Cauchy.** — Le problème de l'intégration d'une équation aux dérivées partielles a été déterminé avec précision par Cauchy. La définition qu'il en a donnée peut être considérée comme le point de départ de toutes les recherches ultérieures. En particulier elle conduit d'une façon naturelle à la notion de surfaces caractéristiques dont les propriétés jouent un rôle essentiel dans l'étude des intégrales.

*Soit une équation aux dérivées partielles, du second ordre par exemple, que nous supposerons résolue par rapport à l'une des dérivées secondes.*

$$\text{(A)} \qquad p_{nn} = f(x_1, x_2, \ldots, x_n, p_1, \ldots, p_n, p_{11}, p_{12}, \ldots, p_{n\,n-1})$$
$$\left(p_k = \frac{\partial z}{\partial x_k}, \qquad p_{ik} = \frac{\partial^2 z}{\partial x_i \partial x_k}\right).$$

*Le problème de Cauchy peut s'énoncer ainsi :*

*On donne un ensemble de valeurs* $(x^0_i, z^0, p^0_k, p^0_{ik})$, $(i,k = 1, 2, \ldots n)$, *dans le domaine desquelles la fonction* $f$ *est régulière et deux fonctions*

$$\varphi_0(x_1, x_2, \ldots, x_{n-1}), \qquad \varphi_1(x_1, x_2, \ldots, x_{n-1})$$

*régulières dans le domaine* $x^0_1, x^0_2, \ldots, x^0_{n-1})$ *et telles que*

$$p^0_i = \left(\frac{\partial \varphi_0}{\partial x_i}\right)^0, \qquad p^0_{ik} = \left(\frac{\partial^2 \varphi}{\partial x_i \partial x_k}\right)^0 \quad (i, k = 1, 2, \ldots, n-1)$$
$$p^0_{ni} = \left(\frac{\partial \varphi_1}{\partial x_i}\right)^0, \qquad p^0_{n\,n-1} = \left(\frac{\partial \varphi_1}{\partial x_{n-1}}\right)^0$$

*$(F)^0$ représente ce que devient F quand on remplace* $(x_1, x_2, \ldots, x_{n-1})$ par $(x^0_1, x^0_2, \ldots, x^0_{n-1})$. *Trouver une intégrale de l'équation* (A), *régulière dans le domaine du point* $(x^0_1, x^0_2, \ldots, x^0_n)$ *et telle que pour* $x_n = x^0_n$ *on ait*

$$(z)_{x_n = x^0_n} = \varphi_0 (x_1, x_2, \ldots, x_{n-1}),$$

$$\left(\frac{\partial z}{\partial x_n}\right)_{x_n = x^0_n} = \varphi_1 (x_1, x_2, \ldots, x_{n-1}).$$

Dans ce problème on suppose connues, sur la variété $x_n = x^0_n$, les valeurs de l'intégrale et de sa dérivée première suivant la direction de l'axe de $x_n$. D'ailleurs les autres dérivées premières sont parfaitement déterminées sur cette surface, car pour tout déplacement on doit avoir

$$dz = p_1\, dx_1 + p_2\, dx_2 + \ldots + p_n\, dx_n.$$

Comme pour $x_n = x^0_n$ on a $z = \varphi_0 (x_1, x_2, \ldots, x_{n-1})$, il vient

$$\left(\frac{\partial z}{\partial x_i}\right)_{x_n = x^0_n} = \frac{\partial \varphi_0 (x_1, x_2, \ldots, x_{n-1})}{\partial x_i} \qquad (i = 1, 2, \ldots, n-1).$$

Si au lieu du plan $x_n = x^0_n$ on considérait une surface quelconque dont l'équation serait résolue par rapport à $x_n$, on pourrait se proposer de même de trouver une intégrale prenant sur cette surface, ainsi que sa dérivée par rapport à $x_n$, des valeurs déterminées :

$$z_0 (x_1, x_2, \ldots, x_{n-1}), \qquad p_n (x_1, x_2, \ldots, x_{n-1}).$$

Dès lors les autres dérivées premières seraient fournies par les relations déduites de (1)

$$p_i = \frac{\partial z_0}{\partial x_i} - p_n \frac{\partial x_n}{\partial x_i}, \quad (i = 1, 2, \ldots, n-1).$$

Plus généralement on est conduit au problème suivant :

*On donne l'équation aux dérivées partielles du second ordre à n variables :*

(A)' $$\mathrm{F} (z, x_i, p_k, p_{ik}) = 0, \qquad (i, k = 1, 2, \ldots, n)$$

*et une surface* $f(x_1, x_2, \ldots, x_n) = 0$ ; *soit* $p_0 (x_1, x_2, \ldots, x_n)$ *les valeurs prises sur la variété* $f(x_1, x_2, \ldots, x_n) = 0$ *par l'intégrale et supposons également connu l'ensemble des dérivées premières, toutes ces valeurs satisfaisant pour* $f(x_1, x_2, \ldots, x_n) = 0$ *à la relation*

$$dz = p_1\, dx_1 + p_2\, dx_2 + \ldots + p_n\, dx_n.$$

*Dans quel cas l'intégrale sera-t-elle déterminée par ces valeurs initiales, et lorsqu'elle est déterminée, trouver cette intégrale?*

Le problème ainsi posé s'étend de lui-même aux équations d'ordre supérieur. Lorsqu'il n'y a que deux variables indépendantes il introduit directement la notion de lignes caractéristiques pour lesquelles la solution du problème de Cauchy est indéterminée ou impossible (1).

Dans le cas de $n$ variables on est conduit à la considération de multiplicités singulières à $n - 1$ dimensions jouissant de propriétés d'indéterminations analogues à celles des caractéristiques linéaires. Ces multiplicités ont été considérées par J. Beudon (2) qui les a définies pour les équations générales du second ordre. Nous en approfondirons l'étude pour le cas des équations linéaires, mais en nous plaçant spécialement au point de vue de leurs applications aux problèmes de la Physique mathématique et à la solution du problème de Cauchy par la méthode de Riemann.

Avant de passer à cette étude, nous rappellerons quelques définitions et quelques propriétés relatives aux multiplicités d'éléments unis des divers ordres. Nous donnerons ensuite leur expression sous forme symétrique et nous déduirons des résultats obtenus les équations des multiplicités singulières pour les équations du second ordre. Nous ferons ensuite connaître une formule fondamentale qui généralise la célèbre formule Green et qui nous servira de point de départ pour l'extension de la méthode de Riemann.

**2. Définitions. Les multiplicités d'éléments unis.** — On appellera *point* dans l'espace à $n$ dimensions $E_n$ $(x_1, x_2, \ldots, x_n)$ tout système de valeurs de $n$ variables $(x_1, x_2, \ldots, x_n)$ que nous représenterons, pour abréger, par $(x_i)$.

Une *surface* sera l'ensemble des points dont les coordonnées satisfont à une seule relation,

$$f(x_1, x_2, \ldots, x_n) = 0$$

ou plus simplement $f(x_i) = 0$ ; une *ligne* l'ensemble des points satisfaisant à $n - 1$ relations

$$f_h(x_i) = 0, \qquad (h = 1, 2, \ldots, n - 1).$$

D'une façon générale, une *multiplicité ponctuelle* ou *variété à k dimensions* dans l'espace $E_n$ $(x_1, x_2, \ldots, x_n)$ sera définie par $n - k$ relations entre les coordonnées.

$$f_h(x_i) = 0, \qquad (h = 1, 2, \ldots, n - k).$$

Soit $z$ une fonction analytique des $n$ variables $(x_i)$ développables par la formule de Taylor dans le domaine du point $(x^0_i)$. Elle admettra par suite des dérivées partielles de tous les ordres par rapport à chacune de variables ; on les représentera par la notation

$$\frac{\partial^h z}{\partial x_{i_1} \partial x_{i_2} \ldots \partial x_{i_h}} = p^{(h)}_{i_1 i_2 \ldots i_h}$$

(1) E. GOURSAT. — *Leçons sur les équations aux dérivées partielles du second ordre*, t. I. Chap. IV et t. II. Chap. X.

(2) *Sur les caractéristiques des équations aux dérivées partielles* (*Bulletin de la Société mathématique de France*, t. XXV, p. 108-120). Voir aussi, pour ce qui concerne les multiplicités, la thèse du même auteur *sur les systèmes d'équations aux dérivées partielles dont les caractéristiques dépendent d'un nombre fini de paramètres* (*Annales de l'Ecole Normale*, Supplément : 1896).

où $(i_1\, i_2 \ldots i_h)$ représente un arrangement quelconque avec répétition des indices $(1, 2, \ldots, n)$ ; nous désignerons encore par

$$\left(p^{(h)}_{i_1\, i_2 \ldots i_h}\right)^0$$

la valeur que prend cette dérivée au point $(x^0_i)$.

Considérons le développement de $z$ dans le domaine du point $(x^0_i)$ ; les coefficients des termes de degré inférieur ou égal à $h$ dépendent seulement des quantités

$$(e^0_h), \qquad x^0_i,\ z^0,\ \left(p^{(k)}_{i_1\, i_2 \ldots i_k}\right)^0 \qquad (i, k = 1, 2, \ldots h)$$

c'est ce que nous appellerons *élément d'ordre h* d'une multiplicité différentielle.

Si l'on passe du point $(x^0_i$ au point $(x_i)$ infiniment voisin, le nouvel élément d'ordre $h$ sera :

$$(e_h), \qquad x_i,\ z,\ p^{(k)}_{i_1\, i_2 \ldots i_k} \qquad (i, k = 1, 2, \ldots, h).$$

Supposons que l'on ait

$$z = z^0 + dz, \qquad p^{(k)}_{i_1\, i_2 \ldots i_k} = \left(p^{(k)}_{i_1\, i_2 \ldots i_k}\right)^0 + d\, p^{(k)}_{i_1\, i_2 \ldots i_k};$$

les accroissements des divers termes de l'élément $(e^0_h)$ seront liés par les relations

$$(1) \qquad \begin{cases} dz = p_1\, dx_1 + p_2\, dx_2 + \ldots + p_n\, dx_n, \\ dp^{(k)}_{i_1\, i_2 \ldots i_k} = \sum\limits_{i_j=1}^{n} \left(p^{(k+1)}_{i_1\, i_2 \ldots i_k\, i_j}\right)^0 dxi_j. \end{cases}$$

Nous exprimerons cette propriété des accroissements, en disant que les éléments infiniment voisins $(e^0_h)$ et $(e_h)$ sont *unis*.

Nous appellerons *multiplicité d'ordre h* l'ensemble des éléments $(e_h)$ qui satisfont à certaines relations. La multiplicité sera *formée d'éléments unis* si parmi les relations figurent les équations différentielles (1). Nous ne considérons dans la suite que de semblables multiplicités. Les relations qui les définissent se divisent en deux groupes : les relations différentielles où figurent au moins l'une des quantités $p^{(k)}_{i_1\, i_2 \ldots i_k}$ et les relations ponctuelles qui ne renferment que $z$ et $(x_i)$. Dans le premier groupe figureront les équations aux dérivées partielles auxquelles doivent satisfaire les éléments. Dans le deuxième, la présence de la relation

$$dz = \sum_{i=1}^{n} p_i\, dx_i$$

nous montre qu'il existe au moins une qui renferme $z$. Supposons qu'il y ait $l+1$ équations dans ce groupe; en résolvant l'une d'entre elles par rapport à $z$ et en substituant s'il y a lieu, dans les autres, on pourra les ramener à la forme

$$z - f_0(x_i) = 0, \qquad f_h(x_i) = 0, \qquad (h = 1, 2, \ldots, l)$$

On désigne sous le nom de *support* cette dernière multiplicité ponctuelle et l'on représente parfois par $\overset{h}{\underset{p}{M}}$ une multiplicité d'ordre $h$ dont le support est à $p$ dimensions et telle qu'à chaque point du support ne corresponde qu'un seul élément.

Rappelons encore la proposition suivante dont nous aurons à faire usage ([1]).

*Si l'on effectue sur une multiplicité d'éléments unis une transformation ponctuelle, on obtient une nouvelle multiplicité d'éléments unis.*

**3. Expression symétrique des éléments d'une multiplicité $M_{n-1}$ dont on connaît le support. Eléments du premier et du second ordre.** — Nous nous proposons de mettre sous une forme symétrique les éléments des divers ordres d'une multiplicité dont on connaît le support. Supposons que les relations données soient au nombre de deux et ramenées à la forme.

$$f(x_i) = 0, \qquad z - \lambda_0(x_i) = 0. \tag{2}$$

Les éléments différentiels du premier ordre $(z,\ x_i,\ p_k)$, formant par hypothèse une multiplicité unie, sont liés par la relation

$$dz - \sum_{i=1}^{p} p_i dx_i = 0,$$

et pour tenir compte du support nous devons adjoindre

$$dz - \sum_{i=1}^{n} \frac{\partial \lambda_0}{\partial x_i} dx_i, \qquad \sum_{i=1}^{n} \frac{\partial f}{\partial x_i} dx_i = 0.$$

La comparaison des valeurs de $dz$ nous donne

$$\sum_{i=1}^{n} \left(p_i - \frac{\partial \lambda_0}{\partial x_i}\right) dx_i = 0.$$

([1]) Sophus-Lie, *Theorie der Transformations-Gruppen*, I Abschnitt, p. 341. Voir aussi J. Beudon, Thèse.

Par suite, si nous désignons par $\lambda_1(x_i)$ une fonction arbitraire des variables $(x_i)$, on devra avoir, quel que soit $dx_i$,

$$\sum_{i=1}^{n}\left(p_i - \frac{\partial\lambda_0}{\partial x_i} - \lambda_1\frac{\partial f}{\partial x_i}\right)dx_i = 0\,;$$

ce qui entraîne

$$p_i = \frac{\partial\lambda_0}{\partial x_i} + \lambda_1\frac{\partial f}{\partial x_i}, \qquad (i = 1, 2, \ldots n). \tag{3}$$

Nous désignerons le second membre par la notation symbolique

$$p_i^{(1)}(\lambda_0, \lambda_1)f$$

en posant d'une façon générale

$$p_i^{(1)}(\lambda_h, \lambda_{h+1})f = \frac{\partial\lambda_h}{\partial x_i} + \lambda_{h+1}\frac{\partial f}{\partial x_i}.$$

La multiplicité du premier ordre aura donc ses éléments définis par les relations

$$M^1{}_{-1} \qquad z, \qquad (x_i), \qquad f(x_i) = 0, \qquad z - \lambda_0(x_i) = 0\,;$$
$$p_i = p_i^{(1)}(\lambda_0, \lambda_1)f, \qquad (i = 1, 2, \ldots, n).$$

Pour les éléments du second ordre, nous devons tenir compte simultanément des quatre équations

$$f(x_i) = 0, \qquad z - \lambda_0(x_i) = 0\,;$$
$$dz - \sum_{i=1}^{n} p_i\,dx_i = 0, \qquad dp_i - \sum_{k=1}^{n} p_{ik}\,dx_k = 0.$$

Si l'on tient compte de la valeur trouvée précédemment pour $p_i$, ces quatre relations se ramènent aux deux autres

$$\sum_{k=1}^{n}\frac{\partial f}{\partial x_k}\,dx_k = 0,$$

$$\sum_{k=1}^{n}\left[p_{ik} - \frac{\partial}{\partial x_k}\left(\frac{\partial\lambda_0}{\partial x_i} + \lambda_1\frac{\partial f}{\partial x_i}\right)\right]dx_k = 0.$$

Introduisons une fonction arbitraire $\mu_1(x_i)$ ; en répétant le raisonnement qui nous a conduit à l'expression de $p_i$, on aura :

$$p_{ik} = \frac{\partial}{\partial x_k}\left(\frac{\partial\lambda_0}{\partial x_i} + \lambda_1\frac{\partial f}{\partial x_i}\right) + \mu_1\frac{\partial f}{\partial x_k}, \qquad (k = 1, 2\ldots, n).$$

En partant de $p_k$ on aurait obtenu :

$$p_{ki} = \frac{\partial}{\partial x_i}\left(\frac{\partial \lambda_0}{\partial x_k} + \lambda_1 \frac{\partial f}{\partial x_k}\right) + \mu_k \frac{\partial f}{\partial x_i}, \quad (i = 1, 2, \ldots, n),$$

en désignant par $\mu_k$ une autre fonction arbitraire. Egalons les deux expressions précédentes ; il vient, après simplification,

$$\frac{\partial f}{\partial x_i}\frac{\partial \lambda_1}{\partial x_k} + \mu_i \frac{\partial f}{\partial x_k} = \frac{\partial f}{\partial x_k}\frac{\partial \lambda_1}{\partial x^i} + \mu_k \frac{\partial f}{\partial x_i}.$$

Désignons par $\lambda_2(x_i)$ une troisième fonction arbitraire et retranchons des deux membres $\lambda_2 \frac{\partial f}{\partial x_i}\frac{\partial f}{\partial x_k}$ ; en groupant convenablement les termes en $\frac{\partial f}{\partial x_k}$ et $\frac{\partial f}{\partial x_i}$, on a :

(5) $$\frac{\partial f}{\partial x_k}\left(\mu_i - \frac{\partial \lambda_1}{\partial x_i} - \lambda_2 \frac{\partial f}{\partial x_i}\right) = \frac{\partial f}{\partial x_i}\left(\mu_k - \frac{\partial \lambda_1}{\partial x_k} - \lambda_2 \frac{\partial f}{\partial x_k}\right).$$

$$(i, k = 1, 2, \ldots, n).$$

Je dis que la solution la plus générale s'obtiendra en égalant chacune des parenthèses à zéro. En effet, dans les équations (5) supposons les dérivées partielles de $f(x_i)$ différentes de zéro et soit $k(x_i)$ la valeur commune des rapports

$$\frac{\mu_i - \frac{\partial \lambda_1}{\partial x_i} - \lambda_2 \frac{\partial f}{\partial x_i}}{\frac{\partial f}{\partial x_i}} = \frac{\mu_k - \frac{\partial \lambda_1}{\partial x_k} - \lambda_2 \frac{\partial f}{\partial x_k}}{\frac{\partial f}{\partial x_k}},$$

il vient

$$\mu_i = \frac{\partial \lambda_1}{\partial x_i} + (\lambda_2 + k)\frac{\partial f}{\partial x_i}, \quad (i = 1, 2, \ldots, n).$$

Comme $\lambda_2$ est arbitraire, on peut toujours remplacer $\lambda_2 + k$ par $\lambda_2$ et l'on obtient

$$\mu_i = \frac{\partial \lambda_1}{\partial x_i} + \lambda_2 \frac{\partial f}{\partial x_i},$$

$$\mu_k = \frac{\partial \lambda_1}{\partial x_k} + \lambda_k \frac{\partial f}{\partial x_k}.$$

Si toutes les dérivées premières de $f(x_i)$ s'annulent, le point est singulier ; les équations (5) seront encore identiquement vérifiées par les valeurs indiquées, mais il pourra correspondre plusieurs éléments à ce point du support et nous supposons ce cas écarté.

Si nous substituons dans $p_{ik}$ et $p_{ki}$ les valeurs trouvées pour $\mu_k$ et $\mu_i$, on a les deux formes identiques

(6) $$p_{ik} = p_{ki} = \frac{\partial}{\partial x_k} p_i^{(1)}(\lambda_0, \lambda_1)f + \frac{\partial f}{\partial x_k} p_i^{(1)}(\lambda_1, \lambda_2)f$$

$$= \frac{\partial}{\partial x_i} p_k^{(1)}(\lambda_0, \lambda_1)f + \frac{\partial f}{\partial x_i} p_k^{(1)}(\lambda_1, \lambda_2)f.$$

Pour avoir la valeur développée, il suffit de remplacer le symbole $p_i^{(1)}$ par sa valeur. Si l'on convient de généraliser la notation adoptée, on aura :

$$(6)\quad \left\{\begin{aligned} & p_{ik}^{(2)}(\lambda_0, \lambda_1, \lambda_2)f = p_{ki}^{(2)}(\lambda_0, \lambda_1, \lambda_2)f \\ & = \frac{\partial_2\lambda_0}{\partial x_i \partial x_k} + \lambda_1 \frac{\partial_2 f}{\partial x_i \partial x_k} + \frac{\partial \lambda_1}{\partial x_i}\frac{\partial f}{\partial x_k} + \frac{\partial \lambda_1}{\partial x_k}\frac{\partial f}{\partial x_i} + \lambda_2 \frac{\partial f}{\partial x_i}\frac{\partial f}{\partial x_k}. \\ & (i, k = 1, 2, \ldots, n) \end{aligned}\right.$$

On aura tous les éléments de la multiplicité $M_{n-1}^2$ en ajoutant aux termes du second ordre définis par (6) les éléments de la multiplicité $M_{n-1}^1$.

**4. — Eléments du troisième ordre. Généralisations.** — Pour les éléments du troisième ordre les relations différentielles à adjoindre à (4) sont les suivantes :

$$dp_{ik} = \sum_{j=1}^{n} p_{ikj}dx_j, \; (i, k; j = 1, 2, \ldots, n).$$

Tenons compte de l'expression des $p_{ik}$ sur la surface $f(x_i) = 0$ et désignons par $\mu$ des fonctions arbitraires des variables $(x_i)$, on trouve

$$p_{ikj} = p_{kij} = \frac{\partial}{\partial x_j} p_{ik}^{(2)}(\lambda_0, \lambda_1, \lambda_2)f + \mu_{ik}\frac{\partial f}{\partial x_j}.$$

$$p_{kji} = p_{jki} = \frac{\partial}{\partial x_i} p_{kj}^{(2)}(\lambda_0, \lambda_1, \lambda_2)f + \mu_{kj}\frac{\partial f}{\partial x_i}.$$

$$p_{jik} = p_{ijk} = \frac{\partial}{\partial x_k} p_{ij}^{(2)}(\lambda_0, \lambda_1, \lambda_2)f + \mu_{ij}\frac{\partial f}{\partial x_k}.$$

Egalons ces expressions deux à deux et supprimons les termes communs obtenus en remplaçant les expressions telles que $p_{ik}^{(2)}(\lambda_0, \lambda_1, \lambda_2)f$ par leurs développements

$$\begin{aligned} p_{ki}^{(2)} & = \frac{\partial}{\partial x_i} p_k^{(1)}(\lambda_0, \lambda_1) f + \frac{\partial f}{\partial x_i} p_k^{(1)}(\lambda_1, \lambda_2)f \\ & = \frac{\partial}{\partial x_k} p_i^{(1)}(\lambda_0, \gamma_1) f + \frac{\partial f}{\partial x_k} p_i^{(1)}(\lambda_1, \lambda_2)f. \end{aligned}$$

on aura :

$$\frac{\partial f}{\partial x_i}\frac{\partial}{\partial x_j} p_k^{(1)}(\lambda_1, \lambda_2) f + \mu_{ik}\frac{\partial f}{\partial x_j} = \frac{\partial f}{\partial x_j}\frac{\partial}{\partial x_i} p_k^{(1)}(\lambda_1, \lambda_2) f + \mu_{kj}\frac{\partial f}{\partial x_i}.$$

$$\frac{\partial f}{\partial x_k}\frac{\partial}{\partial x_j} p_i^{(1)}(\lambda_1, \lambda_2) f + \mu_{ik}\frac{\partial f}{\partial x_j} = \frac{\partial f}{\partial x_j}\frac{\partial}{\partial x_k} p_i^{(1)}(\lambda_1, \lambda_2) f + \mu_{ij}\frac{\partial f}{\partial x_k}.$$

Aux deux membres de chaque équation ajoutons respectivement $\frac{\partial f}{\partial x_i}\frac{\partial f}{\partial x_j} p_k(\lambda_2, \lambda_3) f$ et $\frac{\partial f}{\partial x_k}\frac{\partial f}{\partial x_j} p_i(\lambda_2, \lambda_3) f$ où $\lambda_3$ désigne une nouvelle fonction arbitraire, et groupons les termes. En introduisant la notation convenue il vient :

$$\frac{\partial f}{\partial x_j}\left[\mu_{ik} - p^{(2)}_{ki}(\lambda_1, \lambda_2, \lambda_3) f\right] = \frac{\partial f}{\partial x_i}\left[\mu_{ij} - p^{(2)}_{kj}(\lambda_1, \lambda_2, \lambda_3) f\right],$$

$$\frac{\partial f}{\partial x_j}\left[\mu_{ki} - p^{(2)}_{ki}(\lambda_1, \lambda_2, \lambda_3) f\right] = \frac{\partial f}{\partial x_k}\left[\mu_{ij} - p^{(2)}_{ji}(\lambda, \lambda_2, \lambda_3) f\right].$$

Comme précédemment nous obtiendrons les valeurs les plus générales pour les fonctions $\mu$ en égalant les crochets à zéro. En effet, divisons par le produit $\frac{\partial f}{\partial x_i}\frac{\partial f}{\partial x_k}\frac{\partial f}{\partial x_j}$ que nous pouvons supposer différent de zéro, puisque le point $(x_i)$ ne saurait être singulier d'après les hypothèses faites, et soit $k$ une fonction qui sera égale à la valeur commune des rapports que nous obtiendrons. On aura

$$\mu_{ik} = p^{(2)}_{ik}(\lambda_1, \lambda_2, \lambda_3) f + k \frac{\partial f}{\partial x_i}\frac{\partial f}{\partial x_k}$$

ou bien

$$\mu_{ik} = p^{(2)}_{ki}(\lambda_1, \lambda_2, \lambda_3 + k) f,$$

et deux autres égalités analogues

$$\mu_{kj} = p^{(2)}_{kj}(\lambda_1, \lambda_2, \lambda_3 + k) f,$$

$$\mu_{ji} = p^{(2)}_{ji}(\lambda_1, \lambda_2, \lambda_3 + k) f.$$

Comme $\lambda_3$ est arbitraire on peut remplacer $\lambda_3 + k$ par $\lambda_3$ et remplaçant les $\mu$ par leurs valeurs on a finalement

$$(7) \quad \left\{ \begin{aligned} p^{(3)}_{ikj}(\lambda_0, \lambda_1, \lambda_2, \lambda_3) f &= \frac{\partial}{\partial x_j} p^{(2)}_{ik}(\lambda_0, \lambda_1, \lambda_2) f + \frac{\partial f}{\partial x_j} p^{(2)}_{ik}(\lambda_1, \lambda_2, \lambda_3) f \\ &= \frac{\partial}{\partial x_k} p^{(2)}_{ji}(\lambda_0, \lambda_1, \lambda_2) f + \frac{\partial f}{\partial x_k} p^{(2)}_{ji}(\lambda_1, \lambda_2, \lambda_3) f \\ &= \frac{\partial}{\partial x_i} p^{(2)}_{jk}(\lambda_0, \lambda_1, \lambda_2) f + \frac{\partial f}{\partial x_i} p^{(2)}_{jk}(\lambda_1, \lambda_2, \lambda_3) f. \end{aligned} \right.$$

Cette formule se généralise par la méthode ordinaire ; en la supposant vraie pour l'ordre $h - 1$, on démontre qu'elle l'est pour l'ordre $h$. Il n'y a rien à changer à la marche précédente.

On obtiendra ainsi

$$(8)\quad \left\{\begin{aligned} & p^{(h)}_{i_1 \ldots i_{h'} \ldots i_h}(\lambda_0, \lambda_1, \ldots, \lambda_h)f = \\ & \frac{\partial}{\partial x_{i_{h'}}} p^{(h-1)}_{i_1 \ldots i_{h'-1}\, i_{h'+1} \ldots i_h}(\lambda_0, \lambda_1, \ldots \lambda_{h-1})f + \\ & + \frac{\partial f}{\partial x_{i_{h'}}} p^{(h-1)}_{i_1 \ldots i_{h'-1}\, i_{h'+1} \ldots i_h}(\lambda_1, \lambda_2, \ldots \lambda_h)f, \\ & (i_{h'} = i_1, i_2, \ldots, i_h). \end{aligned}\right.$$

Les expressions obtenues se développeront par application répétée de formules analogues à (9). Le résultat peut s'exprimer ainsi :

$$(9)\quad p^{(h)}_{i_1 i_2 \ldots i_h}(\lambda_0, \lambda_1, \ldots, \lambda_h)f = \sum_{k=0}^{k=h} \Delta^{(h-k)}_{i_1 i_2 \ldots i_h}(\lambda_k)f.$$

en posant

$$(10)\quad \left\{\begin{aligned} & \Delta^{(h-)k}_{i_1 i_2 \ldots i_h}(\lambda_k)f = \\ & = \sum_{j=0}^{h-k} \sum \frac{1}{j!}\frac{1}{j_1!} \cdots \frac{1}{j_k!} \cdot \frac{\partial^j \lambda_k}{\partial x_{\alpha_1} \cdots \partial x_{\alpha_j}} \frac{\partial^{j_1} f}{\partial x_{\beta^1_1} \cdots \partial x_{\beta^1_{j_1}}} \cdots \frac{\partial^{j_k} f}{\partial x_{\beta^k_1} \cdots \partial x_{\beta^k_{j_k}}}, \end{aligned}\right.$$

$\alpha_1, \alpha_2, \ldots \alpha_j$; $\beta^1_1 \ldots \beta^1_{j_1}$ ; ... ; $\beta^k_1 \ldots \beta^k_{j_k}$ est une permutation des indices $i_1, i_2, \ldots i_h$. Les indices $j_1, j_2, \ldots j_k$ sont égaux ou supérieurs à un et l'on a

$$j_1 + j_2 + \ldots + j_k = h - j.$$

Le deuxième signe $\sum$ s'étend à toutes les permutations qui satisfont à ces conditions, en ayant soin de ne prendre qu'une fois les permutations qui ne diffèrent que par l'ordre des groupes

$$\beta^1, \beta^2 \ldots \beta^k.$$

Pour le premier terme $h - j = 0$ et la règle ne s'applique plus ; mais l'on a évidemment

$$\Delta^{(h)}_{i_1 i_2 \ldots i_h}(\lambda_0)f = \frac{\partial^h \lambda_0}{\partial x_{i_1} \partial x_{i_2} \cdots \partial x_{i_h}}.$$

Le dernier terme a pour expression

$$\Delta^{0}_{i_1 i_2 \ldots i_h}(\lambda_h)f = \lambda_h \frac{\partial f}{\partial x_{i_1}} \frac{\partial f}{\partial x_{i_2}} \cdots \frac{\partial f}{\partial x_{i_h}};$$

la loi de formation est évidente et son rôle dans toutes les questions relatives aux caractéristiques est des plus importants.

Si l'on supposait nulles toutes les fonctions $\lambda$, à l'exception de $\lambda_h$, on aurait

$$p^{(h')\,(0,\,0,\,\dots\,0)}_{i_1\, i_2\, \dots\, i_{h'}} = 0 \qquad h' < h$$

$$p^{(h)}_{i_1\, i_2 \dots\, i_h}(0,\, 0 \dots\, 0,\, h) = \lambda_h \frac{\partial f}{\partial x_{i_1}} \frac{\partial f}{\partial x_{i_2}} \cdots \frac{\partial f}{\partial x_{i_h}}$$

Ces relations interviennent en Physique mathématique dans les questions de propagation d'onde comme nous le verrons dans le dernier chapitre de ce travail.

Les formules que nous venons d'établir pour un support défini par deux relations, s'étendent en suivant une marche analogue, lorsque le nombre des équations est quelconque. On obtient des résultats élégants et en faisant choix de notations symboliques analogues à celles que nous venons d'employer ; mais nous n'aurons pas à les utiliser.

## II. — Les Caractéristiques des Equations du second Ordre

**5. Les caractéristiques des équations aux dérivées partielles linéaires du second ordre.** — Soit $F(z)$ une équation aux dérivées partielles du second ordre linéaire et à $n$ variables indépendantes

$$\sum\sum A_{ik}\, p_{ik} + \sum B_i\, p_i + Cz + D \tag{11}$$
$$A_{ik} = A_{ki},\ (i,\, k = 1,\, 2,\, \dots\, n)$$

où les coefficients A, B, C, D sont des fonctions des seules variées $(x_i)$ que nous supposerons régulières dans le domaine de la surface

$$f(x_i) = 0. \tag{12}$$

Soient

$$z = \lambda_0\,(x_i) \tag{13}$$

la succession des valeurs prises par une intégrale sur $f(x_i) = 0$ et

$$p^{(1)}_i\,(\lambda_0,\, \lambda_1)\, f = \frac{\partial \lambda_0}{\partial x_i} + \lambda_1 \frac{\partial f}{\partial x_i}\ (i = 1,\, 2,\, \dots,\, n) \tag{14}$$

les valeurs sur cette surface, de ses dérivées premières exprimées à l'aide de $\lambda_0$, de $f$ et d'une troisième fonction donnée $\lambda_1\,(x_i)$.

Les équations (12), (13) et (14) jointes à l'équation (11) et à ses dérivées successives permettent d'obtenir des multiplicités $M^1_{n-1}$ de tous les ordres, définies en général d'une façon univoque sur le support

$$f(x_i) = 0, \qquad z - \lambda_0(x_i) = 0.$$

Supposons que les éléments de divers ordres soient exprimés à l'aide des formules (9). Les $\lambda$ devront satisfaire, sur le support donné, à l'équation (11) et à ses dérivées; cherchons les conditions pour que le calcul de ces fonctions soit indéterminé; nous serons ainsi conduits à définir des multiplicités singulières auxquelles nous donnerons le nom de multiplicités caractéristiques de l'équation considérée.

Considérons d'abord les éléments du second ordre donnés par les formules (6) et (3). Substituons dans (11) et groupons les termes, on aura :

$$(15) \qquad \lambda_2 \Phi(f) + 2 \sum_{i=1}^{n} \frac{\partial \lambda_1}{\partial x_i} \frac{\partial \Phi(f)}{\partial \left(\frac{\partial f}{\partial x_i}\right)} + \lambda_1 [F(f) - Cf - D] + F(\lambda_0) = 0.$$

où l'on a posé

$$(16) \qquad \Phi(f) = \sum\sum A_{ik} \frac{\partial f}{\partial x_i} \frac{\partial f}{\partial x_k} \qquad (A_{ik} = A_{ki}).$$

C'est une équation linéaire en $\lambda_2$. Pour qu'il y ait indétermination on devra avoir simultanément

$$(17) \qquad \left\{ \begin{array}{l} \Phi(f) = 0, \\ 2 \sum \dfrac{\partial \lambda_1}{\partial x_i} \dfrac{\partial \Phi}{\partial \left(\frac{\partial f}{\partial x_i}\right)} + \lambda_1 [F(f) - Cf - D] + F(\lambda_0) = 0. \end{array} \right.$$

Ce sont deux équations aux dérivées partielles auxquelles $\lambda_1$ et $f$ devront satisfaire.

Passons aux éléments du troisième ordre. Nous dériverons (11) par rapport à $x_j$, par exemple, et nous remplacerons les dérivées partielles de $z$ par leur expression en $\lambda$. Si l'on remarque que l'on a sur la surface $f(x_i) = 0$

$$p^{(3)}_{ikj}(\lambda_0, \lambda_1, \lambda_2, \lambda_3) f = \frac{\partial}{\partial x_j} p^{(2)}_{ik}(\lambda_0, \lambda_1, \lambda_2) f + \frac{\partial f}{\partial x_j} p^{(2)}_{ik}(\lambda_1, \lambda_2, \lambda_3) f,$$

$$p^{(2)}_{ij}(\lambda_0, \lambda_1, \lambda_2) f = \frac{\partial}{\partial x_j} p^{(1)}_{i}(\lambda_0, \lambda_1) f + \frac{\partial f}{\partial x_j} p^{(1)}_{i}(\lambda_1, \lambda_2) f,$$

$$p^{(1)}_{j}(\lambda_0, \lambda_1) f = \frac{\partial \lambda_0}{\partial x_j} + \frac{\partial f}{\partial x_j} \lambda_1$$

le résultat pourra s'écrire :

$$\frac{\partial F(\lambda_0, \lambda_1, \lambda_2)}{\partial x_j} + \frac{\partial f}{\partial x_j} [F(\lambda_1, \lambda_2, \lambda_3) - D] = 0$$

où l'on désigne par $F(\lambda_h, \lambda_{h+1}, \lambda_{h+2})f$ ce qne devient le premier membre de (11) quand on exprime les dérivées qui y figurent respectivement à l'aide $\lambda_h, \lambda_{h+1}, \lambda_{h+2}$. Développons $F(\lambda_1, \lambda_2, \lambda_3)$ en remarquant qu'il suffit pour cela d'augmenter dans (15) les indices des $\lambda$ d'une unité, on aura, après division par $\frac{\partial f}{\partial x_j}$

$$\lambda_3 \Phi(f) + 2 \sum_{i=1}^{n} \frac{\partial \lambda_2}{\partial x_i} \frac{\partial \Phi}{\partial\left(\frac{\partial f}{\partial x_i}\right)} + \lambda_2 [F(f) - Cf - D] + \tag{18}$$

$$+ F(\lambda_1) - D + \frac{1}{\left(\frac{\partial f}{\partial x_j}\right)} \frac{\partial F(\lambda_0, \lambda_1, \lambda_2)}{\partial x_j} = 0.$$

Pour qu'il y ait indétermination dans le calcul de $\lambda_3$ et par suite pour les éléments du troisième ordre, la fonction $\lambda_2$ devra satisfaire à la condition suivante qui s'ajoute ainsi aux équations (17)

$$2 \sum_{i=1}^{n} \frac{\partial \lambda_2}{\partial x_i} \frac{\partial \Phi}{\partial\left(\frac{\partial f}{\partial x_i}\right)} + \lambda_2 \left[F(f) - Cf - D\right] + F(\lambda_1) - D$$

$$+ \frac{1}{\left(\frac{\partial f}{\partial x_i}\right)} \frac{\partial F(\lambda_0, \lambda_1, \lambda_2)}{\partial x_j} = 0.$$

**6. Généralisation.** — La loi de formation des équations de condition est évidente. Pour les éléments du quatrième ordre, on dérive deux fois l'équation (11), par rapport à $x_j$ et $x_l$ par exemple et l'on remplace les dérivées telles que $p_{ikjl}$ à l'aide de leurs expressions par les fonctions $(\lambda_0, \lambda_1, \lambda_2, \lambda_3, \lambda_4)$. En mettant en évidence la variable $x_l$, comme nous l'avons fait précédemment pour la variable $x_j$, on voit que le résultat peut s'écrire

$$\frac{\partial F_j(\lambda_0, \lambda_1, \lambda_2, \lambda_3)}{\partial x_l} + \frac{\partial f}{\partial x_l} \cdot [F_j(\lambda_1, \lambda_2, \lambda_3, \lambda_4) - D] = 0$$

où l'on représente par $F_j(\lambda_1, \lambda_2, \lambda_3, \lambda_4)$ le résultat obtenu en remplaçant dans

$$\frac{dF}{dx_j} = \frac{\partial F}{\partial x_j} + \sum \frac{\partial F}{\partial p_k} p_{kj} + \sum \frac{\partial F}{\partial p_{ik}} p_{ikj}$$

les dérivées de $z$ par leurs expressions à l'aide $\lambda_1, \lambda_2, \lambda_3, \lambda_4$. Le développement du crochet se déduit de (18) en augmentant les indices des $\lambda$ d'une unité ; si l'on divise par $\frac{\partial f}{\partial x_i}\frac{\partial f}{\partial x_j}$ on aura

$$(19)\quad \left\{\begin{aligned} &\lambda_4 \Phi(f) + 2\sum_{i=1}^{n} \frac{\partial \lambda_3}{\partial x_i} \frac{\partial \Phi}{\partial\left(\frac{\partial f}{\partial x_i}\right)} + \lambda_3 [F(f) - Cf - D] + \\ &+ F(\lambda_2) - D + \frac{1}{\frac{\partial f}{\partial x_j}} \frac{\partial F(\lambda_1, \lambda_2, \lambda_3)}{\partial x_j} + \frac{1}{\frac{\partial f}{\partial x_j}\frac{\partial f}{\partial x_j}} \frac{\partial F_j(\lambda_0, \lambda_1, \lambda_2, \lambda_3)}{\partial x_e} = 0 \end{aligned}\right.$$

On en déduit la nouvelle condition.

D'une façon générale, pour l'indétermination des éléments du $(p+1)^e$ ordre, il faudra ajouter aux conditions déjà obtenues, la relation

$$(20)\quad \left\{\begin{aligned} &2\sum_{i=1}^{n} \frac{\partial \lambda_p}{\partial x_i} \frac{\partial \Phi}{\partial\left(\frac{\partial f}{\partial x_i}\right)} + \lambda [F(f) - Cf - D] + \Psi_p = 0, \\ &\Psi_p = F(\lambda_{p-1}) - D + \frac{1}{\frac{\partial f}{\partial x_{i_1}}} \frac{\partial F(\lambda_{p-2}, \lambda_{p-1}, \lambda_p)}{\partial x_{i_1}} + \\ &\quad + \frac{1}{\frac{\partial f}{\partial x_{i_1}}\frac{\partial f}{\partial x_{i_2}}} \frac{\partial F_{i_1}(\lambda_{p-3}, \lambda_{p-2}, \lambda_{p-1}, \lambda_p)}{\partial x_{i_2}} + \dots + \\ &\quad + \frac{1}{\frac{\partial f}{\partial x_{i_1}} \cdots \frac{\partial f}{\partial x_{i_{p-1}}}} \frac{\partial F_{i_1 \dots i_{p-2}}(\lambda_0, \lambda_1, \dots, \lambda_p)}{\partial x_{i_{p-1}}}; \end{aligned}\right.$$

$\Psi_p$ ne dépend point des dérivées partielles de $\lambda_p$, le coefficient de cette dernière fonction est

$$\frac{1}{\frac{\partial f}{\partial x_{i_1}}} \frac{\partial \Phi}{\partial\left(\frac{\partial f}{\partial x_{i_1}}\right)} + \frac{1}{\frac{\partial f}{\partial x_{i_2}}} \frac{\partial \Phi}{\partial\left(\frac{\partial f}{\partial x_{i_2}}\right)} + \dots + \frac{1}{\frac{\partial f}{\partial x_{i_p}}} \frac{\partial \Phi}{\partial\left(\frac{\partial f}{\partial x_{i_p}}\right)}.$$

En résumé le calcul des éléments successifs sera indéterminé si les conditions suivantes sont remplies :

1° $f(x_i)$ est une intégrale de l'équation aux dérivées partielles du premier ordre, homogène et du second degré

$$\Phi(f) = 0;$$

elle ne présente pas de points singuliers dans le domaine considéré.

2° $\lambda_0$ est une fonction arbitraire.

3° Les fonctions $\lambda_p$ satisfont sur la surface $f(x_i) = 0$ aux équations aux dérivées partielles ; linéaires par rapport à la fonction et à ses dérivées

$$2 \sum_{i=1}^{n} \frac{\partial \lambda_p}{\partial x_i} \frac{\partial \Phi}{\partial \left( \frac{\partial f}{\partial x} \right)} + \lambda_p [F(f) - Cf - D] + \Psi_p = 0$$

où $\Psi$ a la même signification que précédemment.

**7. La surface à point singulier.** — Nous donnerons le nom de *surfaces caractéristiques* aux surfaces de l'espace à $n$ dimensions $E_n(x_1, x_2, \ldots, x_n)$ qui satisfont à l'équation

$$(16) \qquad \Phi(f) = \sum \sum A_{ik} \frac{\partial f}{\partial x_i} \frac{\partial f}{\partial x_k} = 0, \quad (A_{ik} = A_{ki})$$
$$(i, k = 1 \,.\, 2, \ldots, n),$$

et nous appellerons *fonction caractéristique* l'expression $\Phi(f)$. Les coefficients A sont des fonctions des seules variables $(x_i)$ ; on pourra donc discuter cette équation et l'intégrer indépendamment des solutions de l'équation du second ordre.

Considérons un point particulier de coordonnées $(x_i)$ et posons $\frac{\partial f}{\partial x_i} = X_i$. L'équation (16) où l'on considère les X comme des cordonnées courantes

$$(21) \qquad \sum \sum A_{ik} X_i X_k = 0 \ldots (N)$$

représente un cône du second degré (N), lieu des normales aux surfaces caractéristiques passant par le point $(x_i)$. Nous désignerons sous le nom de *cône caractéristique* le supplémentaire de (N).

$$(22) \qquad \sum \sum a_{ik} X_i X_k = 0 \ldots (C).$$

C'est aussi l'enveloppe des plans tangentsaux surfaces caractéristiques passant par $(x_i)$.

Toutes les surfaces intégrales de (16), à l'exception de l'intégrale singulière si elle existe, pourrront s'obtenir en partant d'une certaine surface à point conique appelée par M. Darboux [1] *surface à point singulier*.

Cette surface peut être considérée comme le lieu des caractéristiques de Cauchy de l'équation (16) passant par un point particulier. Nous donnerons à ces lignes le nom de *bicaractéristiques*, en adoptant une dénomination de M. Hadamard [2].

[1] *Mémoire sur les solutions singulières des équations aux dérivées partielles du premier ordre*, p. 33.
Voir aussi M. Goursat. *Leçons sur l'intégration des équations aux dérivées partielles du premier ordre*, chap. IX.

[2] *Sur la propagation des ondes* (*Bulletin de la Société mathématique de France*, t. XXIX, p. 58, 1901).

Formons les équations de la surface à point singulier de sommet $(x^0_i)$. Les bicaractéristiques ont pour équations

$$\frac{dx_i}{\frac{\partial\Phi}{\partial X_i}} = \frac{-dX_i}{\frac{\partial\Phi}{\partial x_i}} = dt, \quad (i = 1, 2, \ldots, n). \tag{23}$$

On doit intégrer avec des conditions initiales satisfaisant à la relation

$$\sum\sum A^0_{ik} X^0_i X^0_k = 0,$$

en désignant par $A^0_{ik}$ ce que devient la fonction $A_{ik}(x_i)$ quand on remplace $x_i$ par $x^0_i$.

En nous plaçant exclusivement au point de vue de variables réelles, deux cas sont à considérer.

1° La forme quadratique

$$\Phi_0 = \sum\sum A^0_{ik} X_i X_k$$

est définie positive. Dans ce cas les données initiales ne seront point toutes réelles et la surface à point singulier sera imaginaire.

2° La forme quadratique $\Phi_0$ n'est point définie positive. On pourra faire choix d'un ensemble de données initiales réelles ; les bicaractéristiques et, par suite, la surface à point singulier le seront aussi.

Supposons les coefficients A holomorphes dans le domaine du point considéré et développons en série les fonctions $x_i(t)$, $X_i(t)$ qui satisfont aux équations (23) et se réduisent pour $t = 0$ à $(x^0_i, X^0_i)$.

Si l'on tient compte de ce que la fonction $\Phi$ est homogène et du deuxième degré par rapport aux X, il est aisé de voir que le développement de $x_i$ peut se mettre sous la forme

$$\left\{ \begin{array}{l} x_i - x^0_i = \displaystyle\sum_{h=0}^{\infty} \varphi_h(X^0_1 t, X^0_2 t, \ldots, X^0_n t) \\ (i = 1, 2, \ldots, n), \end{array} \right. \tag{24}$$

$\varphi_h$ désigne un polynôme homogène de degré $h$ en $(X^0_i t)$. La surface à point singulier peut être considérée comme définie par les équations (24) et l'équation de condition

$$\sum\sum A^0_{ik} X^0_i X^0_k = 0.$$

Si l'on forme le déterminant fonctionnel des $x_i$ par rapport aux variables $X^0_i t$, on trouve qu'il a pour valeur

$$2^n \begin{vmatrix} A^0_{11} A^0_{12} \ldots\ldots A^0_{1n} \\ A^0_{21} A^0_{22} \ldots\ldots A^0_{2n} \\ \cdot \quad \cdot \quad \cdot \quad \cdot \quad \cdot \quad \cdot \\ A^0_{n1} A^0_{n2} \ldots\ldots A^0_{nn} \end{vmatrix}$$

c'est-à-dire, à un coefficient près, le discriminant de la forme quadratique $\Phi_0$. Si ce discriminant n'est pas nul, c'est-à-dire si la forme quadratique ne se réduit pas à moins de $n$ carrés, on pourra effectuer l'inversion des équations (24).

Soit

$$X^0_i t = f_i(x_1 - x^0_1, x_2 - x^0_2, \ldots, x_n - x^0_n)$$
$$(i = 1, 2, \ldots, n);$$

la surface à point singulier de sommet $(x^0_i)$ aura pour équation

$$\sum \sum A^0_{ik} f_i f_u = 0. \tag{25}$$

Ce résultat suggère le changement de variables

$$x'_j = f_j(x_i - x^0_i), \quad (j = 1, 2, \ldots, n)$$

et la nouvelle équation sera

$$\sum \sum A^0_{ik} x'_i x'_k = 0. \tag{25'}$$

Elle représente le cône des normales (N) de sommet $(x^0_i)$ et l'on est conduit au théorème suivant :

THÉORÈME. — *Étant donnée l'équation aux dérivées partielles $\Phi(f) = 0$ qui définit les surfaces caractéristiques d'une équation aux dérivées partielles du second ordre, si la force quadratique relative au point $(x_i^0)$.*

$$\sum \sum A^0_{ik} X_i X_k$$

*est à discriminant non nul, on peut trouver une transformation ponctuelle telle que la surface à point singulier de sommet $(x^0_i)$ ait précisément pour équation*

$$\sum \sum A^0_{ik} x_i x_k = 0. \tag{26}$$

En effectuant la réduction du cône à ses axes principaux nous ramènerons cette surface à une forme plus simple. Supposons que l'équation en (S) relative à cette quadrique

$$\begin{vmatrix} A^0_{1,1} - S, & A_{1,2} & \ldots\ldots & A_{1,n} \\ A^0_{1,2} & A_{2,2} - S & \ldots\ldots & A_{2,n} \\ \cdot & \cdot & \cdot & \cdot \\ A_{n,1} & A_{n,2} & \ldots\ldots & A_{n,n} - S \end{vmatrix} \tag{27}$$

admettre $p$ racines positives et $q$ négatives, $p + q = n$. La substitution orthogonale qui rapporte le cône à ses axes principaux ramènera l'équation (26) à la forme

$$\sum_{i=1}^{p} S^2_i x'^2_i - \sum_{j=1}^{q} T^2_j y'^2_j = 0\,;$$

$x'_i$, $y'_j$ désignent les nouvelles variables et $S^2_i$, $-T^2_j$ les racines positives et négatives de l'équation en S. Il nous suffira d'effectuer le nouveau changement de variables

$$x'_i = S_i x_i \ (i = 1, 2, \ldots, p)$$
$$y'_j = T_j y_j \ (j = 1, 2, \ldots, q).$$

pour que l'équation de la surface au point considéré soit ramenée à la forme

$$\sum_{i=1}^{p} x^2_i - \sum_{j=1}^{q} y^2_j = 0.$$

Cette forme réduite simple, conduit, par analogie avec ce qui se passe dans les équations à coefficients constants, à distinguer dans l'espace diverses régions telles que pour tout point d'une région ainsi déterminée, la forme réduite de la surface à point singulier soit la même. Dans chaque cas, la nature de la surface est caractérisée par les nombres $p$ et $q$ qui peuvent être déterminés par la simple considération d) l'équation en S.

Appliqué au cas de deux variables, ce mode de classification conduit à la distinction des équations en deux types bien connus : le type elliptique, pour lequel on a la forme réduite $x^2 + y^2$, et le type hyperbolique, pour lequel on a, au contraire, la forme $x^2 - y^2$.

**8. Définition des multiplicités singulières.** — Revenons à la surface à point singulier définie par les équations (24) et la relation

$$\sum\sum A^0_{ik} X_i X_k = 0.$$

Nous en déduirons toutes les surfaces caractéristiques non singulières en assujettissant le point $(x^0_i)$ à décrire une variété à $(1, 2, 3, \ldots, n-2)$ dimensions et en prenant les enveloppes correspondantes. Il y a donc $n - 2$ types de surfaces caractéristiques.

Supposons que l'on ait fait choix d'une de ces surfaces $f(x_i) = 0$, ne possédant dans le domaine considéré aucun point singulier. Sur une telle surface les fonctions $\lambda$ devront satisfaire aux équations (20). On reconnaît immédiatement que les caractéristiques de Cauchy de ces équations sont précisément les bicaractéristiques qui engendrent $f(x_i)$.

D'après ce que l'on sait sur la détermination des intégrales d'une équation linéaire aux dérivées partielles, on obtiendra la fonction $\lambda_p$ aux différents points de $f(x_i)$ par intégration le long des bicaractéristiques. L'intégrale sera complètement déterminée si l'on connaît $\lambda_0, \lambda_1, \ldots, \lambda_{p-1}$ en tous les points de $f(x_i) = 0$, et si l'on se donne en outre les valeurs de $\lambda_p$ en tous les points d'une variété à $n - 2$ dimensions tracée sur $f(x_i)$ et qui ne soit point tangente aux bicaractéristiques.

En particulier si l'on se donne les valeurs de l'intégrale $z$ sur deux surfaces qui se coupent, dont l'une soit $f(x_i) = 0$ et dont l'autre ne soit pas tangente aux bicaractéristiques qui engendrent la première, il est aisé de voir que l'on pourra calculer les valeurs prises par les fonctions $\lambda_1, \lambda_2, \ldots, \lambda_p$ aux divers points de la variété à $(n - 2)$ dimensions suivant laquelle ces deux surfaces se coupent. Désignons en effet par $z = \lambda_0(x_i)$ les valeurs prises par l'intégrale sur la surface caractéristique $f(x_i) = 0$. On a

$$p_i = \frac{\partial \lambda_0}{\partial x_i} + \lambda_1 \frac{\partial f}{\partial x_i}. \tag{3}$$

Soit $z = \mu_0(x_i)$ les valeurs de l'intégrale sur la deuxième surface $g(x_i) = 0$ qui n'est pas forcément une surface caractéristique, et représentons par $(\delta x_i)$ les composantes d'un déplacement sur cette surface suivant la direction $l$ tracée à partir d'un point de la variété intersection. On aura

$$\delta z = \sum \frac{\partial \mu_0}{\partial x_i} \delta x_i,$$

ou bien encore

$$\delta z = \sum \frac{\partial \mu_0}{\partial x_i} \frac{\partial x_i}{\partial l} \delta l$$

en représentant par $\left(\frac{\partial x_i}{\partial l}\right)$ les cosinus directeurs de la direction $l$. Mais si nous tenons compte des formules (3) on a aussi

$$\delta z = \sum_{i=1}^{n} p_i \delta x_i = \sum_{i=1}^{n} \frac{\partial \lambda_0}{\partial x_i} \delta x_i + \lambda_1 \sum \frac{\partial f}{\partial x_i} \delta x_i;$$

ou bien en introduisant les cosinus directeurs de la direction $l$

$$\delta z = \left( \sum_{i=1}^{n} \frac{\partial \lambda_0}{\partial x_i} \frac{\partial x_i}{\partial l} + \lambda_1 \sum_{i=1}^{n} \frac{\partial f}{\partial x_i} \frac{\partial x_i}{\partial l} \right) \delta l.$$

En égalant ces deux valeurs de $\delta z$, on a

$$\lambda_1 \sum_{i=1}^{n} \frac{\partial f}{\partial x_i} \frac{\partial x_i}{\partial l} = \sum_{i=1}^{n} \frac{\partial \mu_0}{\partial x_i} \frac{\partial x_i}{\partial l} - \sum_{i=1}^{n} \frac{\partial \lambda_0}{\partial x_i} \frac{\partial x_i}{\partial l}.$$

L'équation

$$\sum_{i=1}^{n} \frac{\partial f}{\partial x_i} \frac{\partial x_i}{\partial l} = 0$$

exprime que les deux surfaces $f(x_i) = 0$ et $g(x_i) = 0$ sont tangentes. S'il n'en est pas ainsi, on pourra déterminer $\lambda_1$.

Le calcul est le même pour les fonctions $\lambda_2, \ldots \lambda_p$. Par suite toutes ces fonctions seront complètement déterminées sur la surface caractéristique par intégration le long des bicaractéristiques.

Il resterait à établir qu'étant donnée une multiplicité singulière $M^2_{n-1}$, il y a bien une infinité de multiplicités intégrales qui la contiennent. La démonstration de cette proposition a été faite par J. Beudon (1) en suivant la méthode indiquée par M. Goursat (2) pour le cas de deux variables.

## III. — Les équations à coefficients constants

**9. Les équations à coefficients constants.** — Appliquons les considérations qui précèdent aux équations à coefficients constants linéaires et du second ordre

$$F(V) = \sum \sum a_{ik} \frac{\partial^2 V}{\partial x_i \partial x_k} + \sum b_i \frac{\partial V}{\partial x_i} + CV = 0,$$

$$a_{ik} = a_{ki}, \qquad (i, k = 1, 2, \ldots, n).$$

Nous devons considérer la forme quadratique

$$\sum \sum a_{ik} x_i x_k = \Phi(x_i)$$

et former l'équation en S correspondante. Soient $S^2_1, S^2_2, \ldots, S^2_p$; $-T^2_1, \ldots -T^2_q$ les racines positives et négatives et supposons qu'il y ait $k$ racines nulles. On pourra trouver une substitution orthogonale qui ramène $\Phi$ à la forme

$$\sum_{i=1}^{p} S^2_i x^2_i - \sum_{j=1}^{q} T^2_j y^2_j = \Phi_1.$$

(1) *Sur les caractéristiques des équations aux dérivées partielles.* (*Bulletin de la Société mathématique de France*, t. XXV, p. 115.

Voir aussi M. J. Le Roux, *Sur l'intégration des équations aux dérivées partielles* (*Journal de Mathémathiques*, t. IV, 5e série, p. 396; 1898).

(2) *Leçons sur les équations aux dérivées partielles du second ordre*, t. I, p. 188 et t. II, p. 303.

Effectuons la même substitution sur F(V), nous obtiendrons :

$$F_1(V) = \sum_{i=1}^{p} S^2_i \frac{\partial^2 V}{\partial x^2_i} - \sum_{j=1}^{q} T^2_j \frac{\partial^2 V}{\partial y^2_j} + \sum_{i=1}^{p} s_i \frac{\partial V}{\partial x_i} - \sum_{j=1}^{q} t_j \frac{\partial V}{\partial y_j} + \sum_{h=1}^{k} b_h \frac{\partial V}{\partial z_h} + CV = 0$$

où $z_h$ désigne une variable qui cesse de figurer dans les dérivations secondes.

Nous ferons disparaître les termes en $\frac{\partial V}{\partial x_i}$ et $\frac{\partial V}{\partial x_j}$ en posant

$$V = e^M U, \qquad M = \sum_{j=1}^{q} t_j y_j - \sum_{i=1}^{p} s_i x_i.$$

Si nous effectuons en outre dans le résultat le nouveau changement de variables

$$\begin{aligned} x_i &= S_i x'_i, & (i &= 1, 2, \ldots, p); \\ y_j &= T_j y'_j, & (j &= 1, 2, \ldots, q); \\ z'_l &= C_h z_h, & (h &= 1, 2, \ldots, R); \end{aligned}$$

il vient finalement

$$\sum_{i=1}^{p} \frac{\partial^2 U}{\partial x'^2_i} - \sum_{j=1}^{q} \frac{\partial^2 U}{\partial y'^2_j} + \sum_{h=1}^{h} \frac{\partial U}{\partial z'_h} + KU = 0.$$

Introduisons la notation commode

$$\Delta^{p,q} U = \sum_{i=1}^{p} \frac{\partial^2 U}{\partial x^2_i} - \sum_{j=1}^{q} \frac{\partial^2 U}{\partial y^2_j}.$$

le résultat pourra s'écrire :

$$\Delta^{p,q} U + \sum_{h=1}^{k} \frac{\partial U}{\partial z_h} + KU = 0. \tag{28}$$

Toutes ces équations ont même fonction caractéristique

$$\Phi(f) = \sum_{i=1}^{p} \left(\frac{\partial f}{\partial x_i}\right)^2 - \sum_{j=1}^{q} \left(\frac{\partial f}{\partial x_j}\right)^2.$$

Les bicaractéristiques auront pour équations différentielles

$$\frac{dx_i}{X_i} = \frac{dy_j}{-y_j} = \frac{dX_i}{0} = \frac{dy_j}{0} = dl$$

dont les intégrales sont données par

$$X_i = X^0_i, \qquad x_i = x^0_i + X^0_i l, \qquad (i = 1, 2, \ldots, p);$$
$$y_j = y^0_j, \qquad y_j = y^0_j + y^0_j l, \qquad (j = 1, 2, \ldots, q);$$
$$\sum_{i=1}^{p} X^{02}_i - \sum_{j=1}^{q} y^{02}_j \quad 0.$$

On peut dire qu'elles représentent dans l'espace à $p + q$ dimensions des droites parallèles aux génératrices du cône

$$\text{(C)} \qquad \sum_{i=1}^{p} (x_i - x^0_i)^2 - \sum_{j=1}^{q} (y_j - y^0_j{}^2) = 0.$$

Cette dernière surface représente donc la surface à point singulier de sommet $(x^0_i, y^0_j)$. Nous écrirons dans la suite son équation sous la forme abrégée

$$\text{(C)} \qquad r^2 - t^2 = 0,$$

$$r^2 = \sum_{i=1}^{p} (x_i - x^0_i)^2, \qquad t^2 = \sum_{j=1}^{q} (y_j - y^0_j)^2.$$

On obtient toutes les surfaces caractéristiques en prenant les enveloppes de ce cône lorsque la somme $(x^0_i, y^0_j)$ est assujetti à décrire dans l'espace $E_{p+q}(x_i, y_j)$ une multiplicité ponctuelle à moins de $p + q - 1$ dimensions. Nous supposerons pour cela que les coordonnées $(x^0_i, y^0_j)$ sont fonctions de $h$ paramètre $(u_1, u_2, \ldots, u_h)$. Les enveloppes seront définies par les équations suivantes qui se prêtent à une interprétation géométrique évidente

$$\text{(C)} \qquad \sum_{i=1}^{p} (x_i - x_i^0)^2 - \sum_{j=1}^{q} (y_j - y_{j0})^2 = 0.$$

$$\text{(A)} \qquad \sum_{i=1}^{p} (x_i - x^0_i) \frac{\partial x^0_i}{\partial u_k} - \sum_{j=1}^{q} (y_j - y^0_j) \frac{\partial y^0_j}{\partial u_k} = 0, \qquad \begin{pmatrix} k = 1, 2, \ldots h \\ h \leqq p + q - 2 \end{pmatrix}.$$

**10. Connexité des régions déterminées par le cône caractéristique.** — Supposons le sommet du cône (C) transporté à l'origine et examinons d'abord le cas particulier ou $p + q = 4$.

La surface à point singulier pourra affecter l'une des trois formes :

$$x^2_1 + x^2_2 - y^2_1 - y^2_2 = 0,$$
$$x^2_1 + x^2_2 + x^2_3 - y^2_1 = 0,$$
$$x^2_1 + x^2_2 + x^2_3 + x^2_4 = 0.$$

La dernière surface est imaginaire, il ne reste que deux cas à examiner :

1° $x^2_1 + x^2_2 - y^2_1 - y^2_2 = 0$. Nous allons démontrer que cette surface divise l'espace en deux régions linéairement connexes, c'est-à-dire telles qu'étant donnés deux points dans une même région, on peut toujours trouver un chemin permettant de passer de l'un à l'autre sans franchir la surface.

Considérons par exemple la région

$$x^2_1 + x^2_2 - y^2_1 - y^2_2 > 0$$

qui contient tous les points situés sur la variété

$$y_1 = 0, \quad y_2 = 0.$$

Appelons rayon toute droite de l'hyperespace passant par l'origine, et variété cylindrique toute relation entre moins de quatre coordonnées d'un point. Nous allons examiner d'abord des couples de points particuliers.

Supposons qu'il s'agisse de deux points dont les coordonnées sont de la forme ($x_1$, $x_2$, 0, 0), ($x'_1$, $x'_2$, 0, 0), on pourra passer de l'un à l'autre en se déplaçant sur la variété cylindrique

$$x^2_1 + x^2_2 = \varepsilon^2,$$

puis sur un rayon. Le résultat est d'ailleurs évident si l'on remarque que l'on est ramené à un espace plan à deux dimensions sans aucune coupure.

Prenons maintenant deux points situés dans la même région et dont les coordonnées soient ($x_1$, $x_2$, 0, 0) et ($x'_1$, $x'_2$, $y'_1$, 0). On peut profiter de l'indétermination relative aux axes $ox_1$ et $ox_2$ pour avoir $x'_2 = 0$ et le second point aura pour coordonnées ($x'_1$, 0 ; $y'_1$, 0) avec la condition

$$x'^2_1 - y'^2_1 > 0.$$

On pourra d'abord se déplacer sur la variété

$$x'^2_1 + y'^2_1 = \eta^2$$

en faisant décroître $y'_1$ à zéro. On arrivera ainsi sur le cylindre

$$x^2_1 + x^2_2 = \eta^2$$

et il suffira de se déplacer sur cette variété ou sur des rayons pour atteindre en restant dans la région tout point de coordonnées $(x_1, x_2 ; 0, 0)$.

Géométriquement, si l'on remarque qu'en faisant $y'_2 = 0$ on est ramené à un espace à trois dimensions, le résultat est intuitif.

Considérons encore le couple de points $(x_1, x_2 ; 0, 0)$ et $(x'_1, x'_2 ; y'_1, y'_2)$. On profitera de l'indétermination relative aux axes des $y$ pour faire, par exemple, $y'_2 = 0$, et l'on sera ramené au cas précédent

Enfin si l'on a deux couples de points absolument quelconques situés dans la même région, on pourra toujours aller de chacun d'eux, sans sortir de cette région, à un point quelconque de coordonnée $x_1$, $x_2$, 0, 0) et la proposition est établie.

Ces raisonnements sont applicables évidemment à la deuxième région et par conséquent l'on a bien deux régions linéairement connexes et deux seulement.

2° $x^2_1 + x^2_2 + x^2_3 - y^2_1 = 0$. Tous les raisonnements sont encore applicables à la région

$$x^2_1 + x^2_2 + x^2_3 - y^2_1 < 0$$

qui se trouve être linéairement connexe. Mais il n'en est plus de même de la deuxième qui se dédouble. Considérons, en effet, l'inégalité

$$x^2_1 + x^2_2 + x^2_3 - y^2_1 > 0.$$

Si elle est satisfaite pour un point de coordonnées $(x_1, x_2, x_3 ; y_1)$, elle sera aussi satisfaite pour le point de coordonnées $(x_1, x_2, x_3 ; - y_1)$, et l'on ne pourra passer d'un point à l'autre sans franchir la surface

$$x^2_1 + x^2_2 + x^2_3 - y^2_1 = 0.$$

Il y a donc ici trois régions à considérer.

L'étude que l'on vient de faire du cas de quatre variables s'étend sans difficultés au cas général.

Soit le cône

$$r^2 - t^2 = 0, \qquad r^2 = \sum_{i=1}^{p} (x_i - x^0_i)^2, \qquad t^2 = \sum_{j=1}^{q} (y_j - y^0_j)^2 ;$$

si les nombres $p$ et $q$ sont supérieurs à un, l'on aura deux régions ; si l'un des nombres est égal à un, l'on aura trois régions. Chacune des régions obtenues sera caractérisée par la valeur des nombres $p$ ou $q$ correspondants.

*Remarque.* — Nous avons vu, dans le numéro précédent, qu'à toute variété à moins de $p + q - 1$ dimensions, on pouvait faire correspondre des nappes caractéristiques, enveloppes du cône caractéristique lorsque le sommet est assujetti à décrire la variété. En supposant ces surfaces réelles, on peut se demander quel est le nombre de régions linéairement connexes qu'elles déterminent dans l'espace. On trouve qu'il y a dans tous les cas, deux, trois ou quatre régions différentes. En particulier il y aura quatre régions si la variété est à $p+q-2$ dimensions. Mais nous n'insisterons point sur la démonstration de ces propositions dont nous n'aurons pas à faire usage.

**1. Classification des équations à coefficients constants.** — L'étude que nous venons de faire des surfaces caractéristiques nous conduit à ranger les équations du second ordre à coefficients constants, en deux catégories.

1° Les équations à caractéristiques imaginaires qui se ramènent à la forme canonique

$$\nabla_p V + \sum_{h=1}^{k} \frac{\partial V}{\partial x_h} + KV = 0, \qquad \nabla_p V = \sum_{i=1}^{p} \frac{\partial^2 V}{\partial x_i^2}.$$

Elles ont fait l'objet de nombreux travaux, surtout dans ce dernier temps. Mais on a généralement admis l'absence des termes en $\frac{\partial V}{\partial x}$.

2° Les équations à caractéristiques réelles dont la forme canonique sera la suivante :

$$\Delta^{p,q} V + \sum_{h=1}^{k} \frac{\partial V}{\partial x_h} + KV = 0, \qquad \Delta^{p,q} V = \sum_{i=1}^{p} \frac{\partial^2 V}{\partial x_i^2} - \sum_{j=1}^{q} \frac{\partial^2 V}{\partial y_j^2}.$$

Malgré les importantes recherches (1) de Poisson et surtout de Cauchy, dans la première partie du dernier siècle, et les travaux plus récents de M. Volterra et de M. Tedone, les propriétés de leurs intégrales nous sont bien moins connues.

Comme nous l'avons vu dans la discussion des régions, le cas où l'un des nombres $p$ ou $q$ est égal à un doit être mis à part. C'est en réalité le seul cas qui ait été étudié avec soin. Son importance bien connue en Physique Mathématique justifie le point de vue spécial auquel se sont placés les auteurs. Nous y reviendrons d'ailleurs dans le dernier chapitre de ce travail.

Le cas général ne paraît pas avoir été considéré au point de vue de la symétrie qu'il présente par rapprt aux nombres $p$ et $q$. Nous nous proposons d'apporter une contribution à cette étude. Mais auparavant nous appliquerons la théorie des caractéristiques à l'extension de la méthode de Riemann-Volterra pour le cas de trois variables.

## IV. — Les Formules fondamentales

**12. Formule fondamentale.** — Afin de nous aider de la représentation géométrique et pour simplifier l'exposition, nous ne ferons intervenir dans ce qui suit que des fonctions de trois variables. Nous verrons d'ailleurs que les raisonnements s'appliquent sans modification à l'hyperespace.

(1) Voir l'*Introduction*.

Soit D un domaine à trois dimensions limité par une frontière F. Désignons par $d\tau$ l'élément de volume et par $d\sigma$ celui de frontière. Nous supposerons qu'en chaque point de la frontière on fasse choix de la direction de la normale qui va vers l'intérieur du domaine et nous représenterons ses cosinus directeurs par $\frac{\partial x}{\partial n}, \frac{\partial y}{\partial n}, \frac{\partial z}{\partial n}$.

Considérons la fonction U qui admet à l'intérieur de D et sur la frontière des dérivées premières et secondes intégrables et qui satisfait dans ce domaine à l'équation aux dérivées partielles linéaires

$$(29) \quad \begin{cases} F(U) = A\frac{\partial^2 U}{\partial x^2} + A'\frac{\partial^2 U}{\partial y^2} + A''\frac{\partial^2 U}{\partial z^2} + 2B\frac{\partial^2 U}{\partial y \partial z} + 2B'\frac{\partial^2 U}{\partial z \partial x} + 2B''\frac{\partial^2 U}{\partial x \partial y} \\ \qquad + 2C\frac{\partial U}{\partial x} + 2C'\frac{\partial U}{\partial y} + 2C''\frac{\partial U}{\partial z} + DU = 0. \end{cases}$$

où A, B, C, D sont des fonctions de $x$, $y$ et $z$ intégrables ainsi que leurs dérivées premières et secondes. Soit encore V une fonction intégrable ainsi que ses dérivées premières et secondes dans le domaine D et sur la frontière F. On aura en intégrant par partie, les identités suivantes

$$\int_D \left[AV\frac{\partial^2 U}{\partial x^2} - U\frac{\partial^2 (AV)}{\partial x^2}\right] d\tau + \int_F \left[AV\frac{\partial U}{\partial x}\frac{\partial x}{\partial n} - U\frac{\partial (AV)}{\partial x}\frac{\partial x}{\partial n}\right] d\sigma = 0$$

$$2\int_D \left[BV\frac{\partial^2 U}{\partial y \partial z} - U\frac{\partial^2 (BV)}{\partial y \partial z}\right] d\tau + \int_F \left[BV\frac{\partial U}{\partial z}\frac{\partial y}{\partial n} - U\frac{\partial (BV)}{\partial y}\frac{\partial z}{\partial n}\right] d\sigma$$

$$+ \int_F \left[BV\frac{\partial U}{\partial y}\frac{\partial z}{\partial n} - U\frac{\partial (BV)}{\partial z}\frac{\partial y}{\partial n}\right] d\sigma = 0.$$

Multiplions l'équation (29) par V et intégrons par partie pour tout le domaine D. Si l'on tient compte des identités précédentes, il vient en groupant les termes :

$$(30) \quad \begin{cases} \displaystyle\int_D [VF(U) - UG(V)]\, d\tau + \int_F UVP_n\, d\sigma \\ \displaystyle + \frac{1}{2}\int_F \left[ V\left(\frac{\partial.\Phi(U)}{\partial.\left(\frac{\partial U}{\partial x}\right)}\frac{\partial x}{\partial n} + \frac{\partial.\Phi(U)}{\partial.\left(\frac{\partial U}{\partial y}\right)}\frac{\partial y}{\partial n} + \frac{\partial.\Phi(U)}{\partial.\left(\frac{\partial U}{\partial z}\right)}\frac{\partial z}{\partial n}\right)\right. \\ \displaystyle \left. - U\left(\frac{\partial.\Phi(V)}{\partial.\left(\frac{\partial V}{\partial x}\right)}\frac{\partial x}{\partial n} + \frac{\partial.\Phi(V)}{\partial.\left(\frac{\partial V}{\partial y}\right)}\frac{\partial y}{\partial n} + \frac{\partial.\Phi(V)}{\partial.\left(\frac{\partial V}{\partial z}\right)}\frac{\partial z}{\partial n}\right)\right] d\sigma = 0. \end{cases}$$

où l'on a posé

$$G(V) = A\frac{\partial^2 V}{\partial x^2} + A'\frac{\partial^2 V}{\partial y^2} + A''\frac{\partial^2 V}{\partial z^2} + 2B\frac{\partial^2 V}{\partial y \partial z} + 2B'\frac{\partial^2 V}{\partial z \partial x} + 2B''\frac{\partial^2 V}{\partial x \partial y}$$

$$(31)\quad \left\{\begin{aligned} &-2\left(C - \frac{\partial A}{\partial x} - \frac{\partial B''}{\partial y} - \frac{\partial B'}{\partial z}\right) \\ &-2\left(C' - \frac{\partial B''}{\partial x} - \frac{\partial A'}{\partial y} - \frac{\partial B}{\partial z}\right) \\ &-2\left(C'' - \frac{\partial B'}{\partial x} - \frac{\partial B}{\partial y} - \frac{\partial A''}{\partial z}\right) + \\ &+ V\left(\frac{\partial^2 A}{\partial x^2} + \dots + 2\frac{\partial^2 B}{\partial y \partial z} + \dots - 2\frac{\partial C}{\partial x} - 2\frac{\partial C'}{\partial y} - 2\frac{\partial C''}{\partial z} + D\right); \\ &\Phi(U) = A\left(\frac{\partial U}{\partial x}\right)^2 + A'\left(\frac{\partial U}{\partial y}\right)^2 + \dots + 2B''\frac{\partial U}{\partial x}\frac{\partial U}{\partial y}; \end{aligned}\right.$$

$$(32)\quad \left\{\begin{aligned} P_n = &\left(2C - \frac{\partial A}{\partial x} - \frac{\partial B''}{\partial y} - \frac{\partial B'}{\partial z}\right)\frac{\partial x}{\partial n} + \left(2C' - \frac{\partial B''}{\partial x} - \frac{\partial A'}{\partial y} - \frac{\partial B}{\partial z}\right)\frac{\partial y}{\partial n} + \\ &+ \left(2C'' - \frac{\partial B'}{\partial x} - \frac{\partial B}{\partial y} - \frac{\partial A''}{\partial z}\right)\frac{\partial z}{\partial n}. \end{aligned}\right.$$

G (V) sera l'*équation adjointe*, $\Phi$ la *fonction caractéristique*, $P_n$, le *polynôme adjoint*.

Si l'on a identiquement

$$2C - \frac{\partial A}{\partial x} - \frac{\partial B''}{\partial y} - \frac{\partial B'}{\partial z} = 0,$$

$$2C' - \frac{\partial B''}{\partial x} - \frac{\partial A'}{\partial y} - \frac{\partial B}{\partial z} = 0,$$

$$2C'' - \frac{\partial B'}{\partial x} - \frac{\partial B}{\partial y} - \frac{\partial A}{\partial z} = 0.$$

en dérivant chaque égalité respectivement par raport à $x$, $y$ et $z$ et ajoutant il vient

$$2\frac{\partial C}{\partial x} + 2\frac{\partial C'}{\partial y} + 2\frac{\partial C''}{\partial z} - \frac{\partial^2 A}{\partial x^2} - \dots - 2\frac{\partial^2 B}{\partial x \partial y} = 0.$$

On reconnaît que l'on aura

$$G(V) = F(V);$$

l'équation est identique à son adjointe et le second terme de (31) disparaît.

Le troisième terme se laisse mettre sous une forme qui conduit à un rapprochement avec la célèbre formule de Green. Le coefficient de V peut s'écrire

$$\frac{\partial.\Phi(U)}{\partial.\left(\frac{\partial U}{\partial x}\right)}\cdot\frac{\partial x}{\partial n}+\frac{\partial.\Phi(U)}{\partial.\left(\frac{\partial U}{\partial y}\right)}\cdot\frac{\partial y}{\partial n}+\frac{\partial.\Phi(U)}{\partial.\left(\frac{\partial U}{\partial z}\right)}\cdot\frac{\partial z}{\partial n}=2\frac{\partial U}{\partial x}\left(A\frac{\partial x}{\partial n}+B''\frac{\partial y}{\partial n}+B'\frac{\partial z}{\partial n}\right)$$

$$+2\frac{\partial U}{\partial y}\left(B''\frac{\partial x}{\partial n}+A'\frac{\partial y}{\partial y}+B\frac{\partial z}{\partial n}\right)$$

$$+2\frac{\partial U}{\partial z}\left(B'\frac{\partial x}{\partial n}+B\frac{\partial y}{\partial n}+A''\frac{\partial z}{\partial n}\right).$$

Posons

$$\Lambda=\sqrt{\sum\left(A\frac{\partial x}{\partial n}+B''\frac{\partial y}{\partial n}+B'\frac{\partial z}{\partial n}\right)^2}, \tag{33}$$

cette quantité sera bien définie en tout point non singulier d'une surface, et introduisons les cosinus directeurs $\frac{\partial x}{\partial \nu}$, $\frac{\partial y}{\partial \nu}$, $\frac{\partial z}{\partial \nu}$ définis par les relations

$$\left\{\begin{aligned}
\Lambda\frac{\partial x}{\partial \nu}&=\left(A\frac{\partial x}{\partial n}+B''\frac{\partial y}{\partial n}+B'\frac{\partial z}{\partial n}\right),\\
\Lambda\frac{\partial y}{\partial \nu}&=\left(B''\frac{\partial x}{\partial n}+A'\frac{\partial y}{\partial n}+B\frac{\partial z}{\partial n}\right),\\
\Lambda\frac{\partial z}{\partial \nu}&=\left(B'\frac{\partial x}{\partial n}+B\frac{\partial y}{\partial n}+A''\frac{\partial z}{\partial n}\right).
\end{aligned}\right. \tag{34}$$

Ces quantités dépendent de la fonction caractéristique $\Phi$ et de la normale à la frontière. Soit $\nu$ la direction ainsi définie ; à toute normale $n$ à la frontière F, la fonction caractéristique fait correspondre cette direction *bien déterminée* à laquelle nous donnerons le nom de *conormale*.

Elle a d'ailleurs une signification géométrique simple. Dans la fonction caractéristique, remplaçons $\frac{\partial U}{\partial x}$, $\frac{\partial U}{\partial y}$, $\frac{\partial U}{\partial z}$ respectivement par X, Y, Z et égalons à zéro, on obtiendra pour chaque point le cône des normales

$$\sum AX^2+2\sum BYZ=0. \tag{32'} \qquad (\Gamma)$$

Le plan diamétral de la direction $n$ aura pour équation

$$X\left(A\frac{\partial x}{\partial n}+B''\frac{\partial y}{\partial n}+B'\frac{\partial z}{\partial n}\right)+Y\left(B''\frac{\partial x}{\partial n}+A'\frac{\partial y}{\partial n}+B\frac{\partial z}{\partial n}\right)+$$

$$+Z\left(B'\frac{\partial x}{\partial n}+B\frac{\partial y}{\partial n}+A''\frac{\partial z}{\partial n}\right)=0.$$

On reconnaît immédiatement que la direction $\nu$ coïncide avec la normale à ce plan. D'où la définition géométrique.

*La conormale est la perpendiculaire au plan diamétral conjugué de la normale par rapport au cône caractéristique passant par le point considéré.*

Il reste à préciser le sens de la conormale lorsque la direction $n$ est connue. Des relations (34), il résulte que l'on a

$$\frac{\partial x}{\partial n}\frac{\partial x}{\partial \nu}+\frac{\partial y}{\partial n}\frac{\partial y}{\partial \nu}+\frac{\partial z}{\partial n}\frac{\partial z}{\partial \nu}=\Phi\left(\frac{\partial x}{\partial n},\frac{\partial y}{\partial n},\frac{\partial z}{\partial n}\right).$$

Lorsque la normale se trouve dans la région positive du cône (Γ) on prendra la direction de la conormale qui forme avec elle un angle aigu, et la direction opposée dans le cas contraire.

En particulier, si l'équation du cône (Γ) se réduit à

$$X^2+Y^2-Z^2=0,$$

la conormale sera la symétrique de la normale par rapport au plan parallèle à XOY, passant par le point considéré (¹).

Dans la suite nous conviendrons d'appeler *dérivée conormale* d'une fonction H, la dérivée de cette fonction, suivant la direction $\nu$; nous la représenterons par $\frac{\partial H}{\partial \nu}$, en posant

$$\frac{\partial H}{\partial \nu}=\frac{\partial H}{\partial x}\frac{\partial x}{\partial \nu}+\frac{\partial H}{\partial y}\frac{\partial y}{\partial \nu}+\frac{\partial H}{\partial z}\frac{\partial z}{\partial \nu}. \tag{35}$$

Introduisons ces notations dans la relation (30), nous parviendrons à la formule que nous avons en vue.

$$\text{(I)}\qquad \int_D [VF(U)-UG(V)]\,d\tau+\int_F P_n UV\,d\sigma+\int_F\left(V\frac{\partial U}{\partial \nu}-U\frac{\partial V}{\partial \nu}\right)A\,d\sigma=0,$$

et pour une équation identique à son adjointe

$$\text{(I)}'\qquad \int_D [VF(U)-UF(V)]\,d\tau+\int_F\left(V\frac{\partial U}{\partial \nu}-U\frac{\partial V}{\partial \nu}\right)A\,d\sigma=0.$$

**13. Propriétés des frontières caractéristiques.** — Particularisons la frontière et supposons qu'elle contienne une surface caractéristique. Nous avons désigné sous ce nom toute surface qui satisfait à l'équation obtenue en égalant la fonction caractéristique à zéro. Soit $f(x, y, z)=o$ une semblable surface, on aura

$$\Phi(f)=A\left(\frac{\partial f}{\partial x}\right)^2+A'\left(\frac{\partial f}{\partial y}\right)^2+\ldots+2B''\frac{\partial f}{\partial x}\frac{\partial f}{\partial y}=0.$$

(¹) M. R. d'Adhémar. — *Sur une classe d'équations aux dérivées partielles du premier ordre* (*Comptes-rendus*, 11 février 1901).

Les bicaractéristiques, c'est-à-dire les caractéristiques de Cauchy de cette équation, sont définies par les relations

$$(36) \qquad \frac{dx}{\frac{\partial \Phi}{\partial X}} = \frac{dy}{\frac{\partial \Phi}{\partial Y}} = \frac{dz}{\frac{\partial \Phi}{\partial Z}} = \frac{-dX}{\frac{\partial \Phi}{\partial x}} = \frac{-dY}{\frac{\partial \Phi}{\partial y}} = \frac{-dZ}{\frac{\partial \Phi}{\partial z}} = dl,$$

en posant $\frac{\partial f}{\partial x} = X, \frac{\partial f}{\partial y} = Y, \frac{\partial f}{\partial z} = Z$ et en considérant pour calculer les dérivées partielles $\Phi$ comme une fonction des six variables indépendantes $(x, y, z; X, Y, Z)$. Si l'on exclut les intégrales singulières, on sait que toute surface caractéristique est un lieu de bicaractéristiques.

Reportons-nous aux équations (34) et supposons que $\left(\frac{\partial x}{\partial n}, \frac{\partial y}{\partial n}, \frac{\partial z}{\partial n}\right)$ soient les cosinus directeurs de la normale à la surface $f(x, y, z) = 0$, ces quantités seront proportionnelles à $\frac{\partial f}{\partial x}, \frac{\partial f}{\partial y}, \frac{\partial f}{\partial z}$, c'est-à-dire à X, Y, Z avec les notations adoptées. Il en résulte que les cosinus directeurs de la conormale seront proportionnels à $\frac{\partial \Phi}{\partial X}, \frac{\partial \Phi}{\partial Y}, \frac{\partial \Phi}{\partial Z}$, c'est-à-dire aux coefficients directeurs de la tangente à la bicaractéristique.

Donc, en chaque point d'une surface caractéristique, la conormale coïncide avec la tangente à la bicaractéristique menée dans le sens où croît le paramètre $l$.

Supposons connue la surface caractéristique $f(x, y, z) = 0$. On pourra déterminer les bicaractéristiques qui lui correspondent; elles formeront un système de lignes coordonnées, que nous désignerons dans la suite sous le nom de coordonnées bicaractéristiques. Si l'on connaît en tous les points de la surface les valeurs prises par une fonction $U(x, y, z)$, on pourra évidemment déterminer l'accroissement de la fonction quand on se déplace à partir d'un point sur la bicaractéristique qui passe par ce point; en divisant par le déplacement infiniment petit, l'on aura la dérivée bicaractéristique qui sera par suite déterminée en tout point d'une surface caractéristique.

Considérons maintenant une *surface quelconque* $S(x, y, z) = 0$ et les valeurs prises sur cette surface par la même fonction U. A chaque point de la surface, les formules (34) font correspondre une direction conormale, en général *extérieure* à la surface. Si l'on veut calculer la dérivée de la fonction suivant la conormale, il est clair que le résultat n'est plus déterminée par les seules données des valeurs de U sur S. Mais, d'après ce qui précède, on voit qu'il y a exception toutes les fois que $S(x, y, z) = 0$ est une surface caractéristique et l'on a le théorème suivant [1] :

Théorème. — *En tout point d'une surface caractéristique, la dérivée conormale d'une fonction est déterminée dès que l'on connaît les valeurs prises par la fonction sur la surface; elle est égale à la dérivée suivant la bicaractéristique qui passe par ce point.*

Cette proposition contient comme cas particulier une remarque analogue de M. Picard [1] sur les équations à deux variables et celle qui a été signalée par M. R. d'Adhémar dans la note citée.

[1] *Sur les équations linéaires aux dérivées partielles du second ordre; Bulletin des Sciences Mathématiques*, 2e série, t. XXIII; juin 1899.

Appliquons à la fonction $\Phi(f)$ les considérations développées au numéro 7 sur la surface à point singulier. Prenons un point particulier $(x, y, z)$ et formons l'équation en S.

$$(37)\qquad \begin{vmatrix} A-S & B'' & B' \\ B'' & A'-S & B \\ B' & B & A''-S \end{vmatrix} = 0.$$

Si cette équation a ses trois racines de même signe, la surface à point singulier sera imaginaire et par suite aussi les surfaces caractéristiques.

Si, au contraire, les trois racines ne sont pas de même signe, les surfaces caractéristiques seront réelles. Elles seront de deux types différents. Le premier ne comprendra que la surface à point singulier, ici l'analogue d'un cône ; le deuxième sera formé de deux surfaces se croisant sur une ligne (L). Ces dernières s'obtiennent en assujettissant le sommet de la surface à point singulier à décrire la ligne L et en prenant l'enveloppe. Mais les surfaces ne seront réelles que si la tangente à la ligne L est en chaque point extérieur à la surface à point conique.

Supposons que l'on soit dans une région pour laquelle les surfaces caractéristiques soient réelles. Lorsque, dans l'application de la formule (I), on aura affaire à un domaine dont la frontière contient de telles surfaces, il y aura intérêt à mettre en évidence les parties des intégrales qui leur correspondent. Nous choisirons, sur ces frontières spéciales, un système de coordonnées curvilignes formé d'abord des bicaractéristiques, puis d'une autre famille de lignes dont la définition sera précisée dans chaque cas de façon à simplifier le problème. Soient $l$ la variable dont dépend la position d'un point sur une bicaractéristique et $u$ l'autre variable ; nous supposerons l'élément infinitésimal exprimé sous la forme

$$(38)\qquad d\sigma = A(l, u)\, dl\, du,$$

$A(l,u)$ sera connu en chaque point de la frontière dès que l'on aura fait choix du second système de lignes coordonnées.

Désignons par (C) la frontière caractéristique et par F le reste de la frontière, la formule (I) devient :

$$\int_D [VF(U) - UG(V)]\,d\tau + \int_{F+(C)} P_n UV d\sigma + \int_F \left(V\frac{\partial U}{\partial \nu} - U\frac{\partial V}{\partial \nu}\right)\Lambda\, d\sigma$$
$$+ \int\int \left(V\frac{\partial U}{\partial \nu} - U\frac{\partial V}{\partial \nu}\right)\Lambda A\, du\, dl = 0.$$

La dernière intégrale peut se transformer en intégrant par partie le long des bicaractéristiques. Soit (F) le contour de (C), on aura finalement

$$\text{(II)} \quad \int_{D} \left[ VF(U) - UG(V) \right] d\tau + \int_{F} P_n UV \, d\sigma + \int_{F} \left( V \frac{\partial U}{\partial \nu} - U \frac{\partial V}{\partial \nu} \right) \Lambda \, d\sigma +$$

$$+ \int_{(\Gamma)} \Lambda A U V du - \int_{(c)} U \left[ 2\Lambda \frac{\partial V}{\partial l} + V \frac{\partial (\Lambda A)}{\partial l} \frac{1}{A} - VP_n \right] d\sigma = 0 ;$$

et pour une équation identique à son adjointe :

$$\text{(III)} \quad \int_{D} \left[ VF(U) - UF(V) \right] d\tau + \int_{F} \left( V \frac{\partial U}{\partial \nu} - U \frac{\partial V}{\partial \nu} \right) \Lambda \, d\sigma +$$

$$+ \int_{(\Gamma)} \Lambda A U V du - \int_{a} UV\Lambda \frac{\partial}{\partial l} \log (V^2 \Lambda A) \, d\sigma = 0.$$

# CHAPITRE II

—

## LE PROBLÈME DE RIEMANN

### I. — La surface à point singulier

**14. Extension de la méthode de Riemann-Volterra. Position du problème.** — Le problème de Riemann, pour le cas d'une équation linéaire à trois variables, peut s'énoncer de la façon suivante :

*Étant donnée l'équation :*

$$F(U) = \sum A \frac{\partial^2 U}{\partial x^2} + 2 \sum B \frac{\partial^2 U}{\partial y \partial z} + 2 \sum C \frac{\partial U}{\partial x} + DU + E = 0 \tag{1}$$

*et une surface* $S(x, y, z) = 0$, *trouver une intégrale de l'équation qui prenne sur la surface, ainsi que sa dérivée conormale, des valeurs déterminées.*

La méthode que nous allons donner est la généralisation de celle à laquelle M. Volterra a été conduit par ses recherches sur les vibrations lumineuses dans les milieux isotropes (¹). Comme dans la méthode Green, on est ramené à la détermination d'une intégrale particulière satisfaisant à des conditions déterminées.

Il importe tout d'abord de préciser les conditions dans lesquelles on va se placer. Soit D un domaine à trois dimensions, où les coefficients A, B ..., E sont des fonctions continues. Les hypothèses que l'on est amené à faire sont relatives, soit à la surface à point singulier, soit à la surface S.

Sur la surface à point singulier :

1° On supposera qu'elle est réelle pour tous les points intérieurs au domaine D et que le déterminant

$$\begin{vmatrix} A & B'' & B' \\ B'' & A' & B \\ B' & B & A'' \end{vmatrix} \tag{2}$$

reste différent de zéro.

(¹) *Sulle vibrazioni luminose nei mezzi isotropi.* Att. della. R. Accad. Linc ; ser. V ; vol. I ; 4 sept. 1892, pp. (161-170). *Sulle onde cilindriche,* ibid, 16 octob. 1892, pp. (265-277). *Sur les vibrations des corps élastiques isotropes* (*Acta Mathematica*, t. 18, , p. 161-231 ; 1894).

La méthode de M. Volterra a été étendue par M. Tedone dans diverses notes et mémoires cités dans l'introduction.

2° Figurons cette surface pour un point $M_0$. Elle permet de distinguer, dans l'espace avoisinant $M_0$, trois régions dont l'une extérieure et deux autres intérieures. Menons par le sommet une parallèle à l'axe $oz$ ; nous admettrons que pour tout point du domaine D elle se trouve dans la région intérieure. Si cette condition n'était pas remplie, il suffirait d'effectuer un changement de variables convenable pour qu'elle soit satisfaite en tout point d'un domaine fini. La transformation dont nous avons parlé au numéro 7 répond évidemment à la question ; on pourra aussi employer la substitution orthogonale qui ramène pour un point du domaine D le cône caractéristique à ses axes principaux. Nous admettrons aussi que ce domaine est suffisamment restreint pour que cette parallèle ne rencontre point la surface à point singulier en dehors du sommet.

Quant à la surface S, nous ne considèrerons que la région intérieure à D et nous admettrons qu'elle est extérieure au cône caractéristique dont le sommet est en chaque point. Les coefficients de l'équation étant des fonctions continues, la surface à point singulier dont le sommet $M_0$ sera dans un domaine suffisamment restreint de S, sera coupée suivant une courbe fermée $(\Gamma)$ délimitant dans S une région (S) et sur la surface à point singulier, la surface conique $\left(\sum\right)$ comprise entre $M_0$ et $(\Gamma)$.

D'après ce qui a été supposé, la parallèle à l'axe $oz$ menée par $M_0$ rencontrera S en

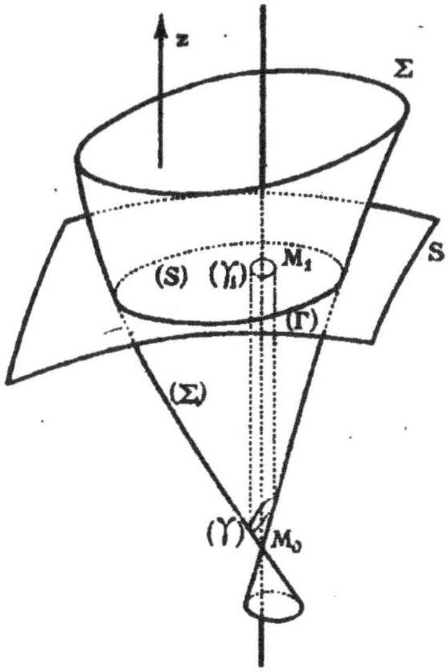


Fig. 1

un point $M_1$ intérieur à (S). Pour la suite, nous devons isoler cette droite $M_0M_1$ par un cylindre de révolution R dont le rayon $r$ sera très petit. Soient $(\gamma_1)$ et $(\gamma_1)$ les intersections de ce cylindre avec $\left(\sum\right)$ et (S) et (R) la surface latérale comprise entre les deux lignes. Nous désignerons par $(\bar{S})$ et $\left(\overline{\sum}\right)$ ce qu'il reste des surfaces $(\bar{S})$ et $\left(\overline{\sum}\right)$ quand on enlève les parties intérieures à (R) et par ($\bar{D}$) le domaine dont elles forment la frontière.

Enfin, nous restreindrons encore le domaine D aux seuls points du domaine de S pour lesquelles les hypothèses précédentes sont remplies.

Dans ces conditions, pour chaque point $M_0$ la surface à point singulier est bien déterminée et découpe dans S une région (S) définie d'une façon univoque. Il en sera de même de l'intégrale de toute fonction bien déterminée étendue à (S) ; ce sera une nouvelle fonction dépendant des coordonées de $M_0$ et que nous pouvons regarder comme *connue* dans toute l'étendue du domaine considéré.

**15. La formule fondamentale et les conditions relatives à l'intégrale particulière.** — Désignons par U et V deux fonctions quelconques et appliquons la formule fondamentale pour le domaine ($\bar{D}$), en supposant remplies pour U et V les conditions ordinaires de continuité. On aura

$$(2)\quad \left\{\begin{aligned} &\int_{(\bar{D})}[VF(U)-UG(V)]\,d\tau+\int_{(\bar{S})+(\bar{R})}\left[\left(V\frac{\partial U}{\partial \nu}-U\frac{\partial V}{\partial \nu}\right)A+P_nUV\right]d\sigma \\ &+\int_{(\Gamma)+(\gamma)}\Lambda AUV\,du-\int_{(\Sigma)}U\left[2A\frac{\partial V}{\partial l}+V\frac{\partial\,.\,\Lambda A}{\partial l}\,\frac{1}{A}-P_n\right]d\sigma=0. \end{aligned}\right.$$

Particularisons l'une des fonctions, V par exemple, et assujettissons-là aux conditions suivantes :

1° Dans le domaine ($\bar{D}$) :

$$(3)\qquad G(V)=0.$$

2° Sur (R) pour $\lim r=0$ :

$$(4)\qquad \lim rV= \ ,\qquad \lim r\frac{\partial V}{\partial \nu}A=\varphi(z-z_0)$$

ou $\frac{\partial V}{\partial \nu}$ représente la dérivée conormale.

3° Sur $(\sum)$:

$$(5)\qquad 2A\frac{\partial V}{\partial l}+V\left(\frac{\partial\,.\,\Lambda A}{\partial l}\cdot\frac{1}{A}-P_n\right)=0.$$

En particulier, nous satisferons à cette dernière condition en prenant V égal à zéro sur la surface caractéristique. Désignons par $z_1$ l'ordonnée du point $M_1$ et faisons tendre $r$ vers zéro. On aura :

$$\lim\int_{(R)}\left[\left(V\frac{\partial U}{\partial \nu}-U\frac{\partial V}{\partial \nu}\right)A+P_nUV\right]d\sigma=-2\pi\int_{z_0}^{z_1}U(x_0,y_0,z)\varphi(z-z_0)\,dz.$$

L'intégrale étendue à $\left(\sum\right)$ est identiquement nulle d'après le choix de V et par suite, (D) désignant la limite de $(\bar{D})$ il vient

$$\text{(III)}\quad \left\{ \begin{aligned} & 2\pi \int_{z_0}^{z_1} U(x_0, y_0, z)\varphi(z - z_0)dz \\ & = \int_{(D)} VF(U)d\tau + \int_{(\Gamma)} (AAUV)du + \int_{(s)} \left[\left(V\frac{\partial U}{\partial v} - U\frac{\partial V}{\partial v}\right)A + P_n UV\right]d\sigma. \end{aligned} \right.$$

Si nous nous plaçons dans le cas où V *s'annule* sur $\sum$, le seul que nous considérerons dans ce travail, et si l'on a en outre

$$F(U) = f(x, y, z),$$

$f(x, y, z)$ désignant une fonction intégrable en tout point de D, on aura simplement :

$$\text{(III)}'\quad \left\{ \begin{aligned} & 2\pi \int_{z_0}^{z_1} U(x_0, y_0, z)\varphi(z - z_0)dz \\ & = \int_{D} Vf(x, y, z)d\tau + \int_{(s)} \left[\left(V\frac{\partial U}{\partial v} - U\frac{\partial V}{\partial v}\right)A + P_n UV\right]d\sigma. \end{aligned} \right.$$

Le second membre représente une fonction connue de $(x_0, y_0, z_0)$ que nous représenterons pour abréger par $\Phi(x_0, y_0, z_0)$.

**16. L'inversion de l'intégrale.** — La relation à laquelle nous venons de parvenir se prête à l'inversion de l'intégrale qui figure au premier membre lorsque l'on fait sur $\varphi(z - z_0)$ une hypothèse d'un caractère très général. Nous admettrons que cette fonction peut, pour toute l'étendue de $M_0M_1$, se mettre sous la forme

$$\varphi(z - z_0) = (z - z_0)^n \Psi(z - z_0),$$

$n$ étant un entier positif et $\Psi$ désignant une fonction régulière ne s'annulant point pour $z = zo$. Deux cas sont à considérer :

1° Supposons d'abord que l'on ait $\Psi = C_0$, $C_0$ désignant une constante. Dérivons $(n+1)$ fois par rapport à $z_0$ les deux membres de l'identité

$$2\pi \int_{z_0}^{z_1} U(x_0, y_0, z)\varphi(z - z_0)dz = \Phi(x_0, y_0, z_0);$$

on obtiendra

$$(-1)^{n+1}2\pi\, 1\,.\,2 \ldots n\,.\,C_0 U(x_0, y_0, z_0) = \frac{\partial^{n+1}\Phi(x_0, y_0, z_0)}{\partial z_0^{n+1}};$$

ou bien, en posant

$$k = (-1)^{n+1}2\pi\,.\,1\,.\,2 \ldots nC_0, \tag{6}$$

$$U(x_0, y_0, z_0) = \frac{1}{k}\,\frac{\partial^{n+1}\Phi(x_0, y_0, z_0)}{\partial z_0^{n+1}}. \tag{7}$$

2° Cette méthode ne réussit plus si $\Psi(z - z_0)$ ne se réduit pas à une constante. Dérivons encore $(n + 1)$ fois ; nous aurons, en posant $\Psi(o) = C_0$,

$$\left\{\begin{aligned} &K.\,U(x_0, y_0, z_0) + 2\pi \int_{z_0}^{z_1} U(x_0, y_0, z)\,\frac{\partial^{n+1}}{\partial z^{n+1}}\,\varphi(z - z_0)\,dz \\ &\qquad = \frac{\partial^{n+1}\Phi(x_0, y_0, z_0)}{\partial z_0^{n+1}}. \end{aligned}\right. \tag{8}$$

On ne saurait, par de nouvelles dérivations, faire disparaître l'intégrale qui subsiste au premier membre ; mais l'on a une nouvelle idendité qui peut servir à déterminer la fonction U par approximations successives [1].

Formons les fonctions $u_0, u_1, \ldots, u_p, \ldots$, définies par

$$u_0 = \frac{1}{k}\,\frac{\partial^{n+1}\Phi(x_0, y_0, z_0)}{\partial z_0^{n+1}}$$

$$\left\{\begin{aligned} u_1 &= u_0 - \frac{2\pi}{k}\int_{z_0}^{z_1} u_0(x_0, y_0, z)\,\frac{\partial^{n+1}\varphi(z - z_0)}{\partial z_0^{n+1}}\,dz. \\ u_2 &= u_0 - \frac{2\pi}{k}\int_{z_0}^{z_1} u_1(x_0, y_0, z)\,\frac{\partial^{n+1}\varphi(z - z_0)}{\partial z_0^{n+1}}\,dz. \\ &\ldots\ldots\ldots\ldots\ldots\ldots\ldots\ldots \\ u_p &= u_0 - \frac{2\pi}{k}\int_{z_0}^{z_1} u_{p-1}(x_0, y_0, z)\,\frac{\partial^{n+1}\varphi(z - z_0)}{\partial z_0^{n+1}}\,dz. \\ &\ldots\ldots\ldots\ldots\ldots\ldots\ldots\ldots \end{aligned}\right.$$

[1] Nous avons été conduit à ce mode d'inversion par l'emploi de la belle méthode de M. Picard, à la suite de nos recherches sur l'extension de la méthode de M. Volterra et aussi par la considération de certains problèmes d'inversion d'intégrales multiples. (Voir *Volterra, Sulla inversione degli integrali multipli, Rendiconti della reale Accademia dei Lincei*, série v. Vol. V ; 1896). Mais la priorité appartient à M. Leroux qui l'a employée d'une façon systématique dans ses belles recherches sur les équations linéaires aux dérivées partielles signalées dans notre introduction.

et démontrons que la série

$$u_0 + (u_1 - u_0) + \dots + (u_p - u_{p-1}) + \dots$$

converge uniformément et satisfait à la relation fondamentale.

Tout d'abord la série converge uniformément. On a, en effet :

$$u_p - u_{p-1} = \frac{2\pi}{k} \int_{z_0}^{z_1} (u_{p-2} - u_{p-1}) \frac{\partial^{n+1} \varphi (z - z_0)}{\partial z_0^{n+1}} dz.$$

Soit $| u_{p-1} - u_{p-2} |$ le maximum du module de $u_{p-1} - u_{p-2}$ lorsque $z$ varie entre $z_0$ et $z_1$, on aura :

$$\left| u_p - u_{p-1} \right| < \left| u_{p-1} - u_{p-2} \right| \frac{2\pi}{k} \int_{z_0}^{z_1} \frac{\partial^{n+1} \varphi}{\partial z_0^{n+1}} dz,$$

ou bien

$$| u_p - u_{p-1} | < | u_{p-1} - u_{p-2} | \, \mathrm{M} (z - z_0),$$

M désignant une constante finie indépendante de $p$. Par suite

$$| u_p - u_{p-1} | < | u_1 - u_0 | \, [\mathrm{M} (z - z_0)]^{p-2}.$$

Il suffira de prendre $z_1 - z_0$ suffisamment petit pour que l'on ait

$$\mathrm{M} (z_1 - z_0) < 1.$$

Soit $u (x, y, z)$ la valeur de la série, il reste à montrer que cette fonction satisfait à l'équation

$$2\pi \int_{z_0}^{z_1} \mathrm{U} (x_0, y_0, z) \, \varphi (z - z_0) \, dz = \Phi (x_0, y_0, z_0).$$

Posons

$$\mathrm{I}_p = 2\pi \int_{z_0}^{z_1} u_p (x_0, y_0, z) \, \varphi (z - z^0) \, dz.$$

on aura :

$$2\pi \int_{z_0}^{z_1} \mathrm{U} (x_0, y_0, z) \, \varphi (z - z_0) \, dz = \mathrm{I}_p + 2\pi \int_{z_0}^{z_1} (u - u_p) \, \varphi (z - z_0) \, dz.$$

et si $p$ croît indéfiniment

$$\lim I_p = 2\pi \int_{z_0}^{z_1} u(x_0, y_0, z)\, \varphi(z - z_0)\, dz.$$

Dérivons $(n + 1)$ fois $I_p$ par rapport à $z_0$ :

$$\frac{\partial^{n+1} I_p}{\partial z_0^{\,n+1}} = K\, u_p(x_0, y_0, z_0) + 2\pi \int_{z_0}^{z_1} u_p(x_0, y_0, z) \frac{\partial^{n+1} \varphi(z - z_0)}{\partial z_0^{\,n+1}}\, dz$$

remplaçons $u_p$ par sa valeur :

$$\frac{\partial^{n+1} I_p}{\partial z_0^{\,n+1}} = \frac{\partial^{n+1} \Phi(x_0, y_0, z_0)}{\partial z_0^{\,n+1}} + 2\pi \int_{z_0}^{z_1} [u_p(x_0, y_0, z) - u_{p-1}(x_0, y_0, z)] \frac{\partial^{n+1} \varphi(z - z_0)}{\partial z_0^{\,n+1}}\, dz$$

et faisant croître $p$ indéfiniment :

$$\lim \frac{\partial^{n+1} I_p}{\partial z_0^{\,n+1}} = \frac{\partial^{n+1} \Phi(x_0, y_0, z_0)}{\partial z_0^{\,n+1}}.$$

Il suffit d'intégrer les deux membres $(n + 1)$ fois entre les limites $z_0$ et $z_1$ pour obtenir la vérification cherchée

$$2\pi \int_{z_0}^{z_1} u(x_0, y_0, z)\, \varphi(z - z_0)\, dz = \Phi(x_0, y_0, z_0).$$

**17. L'Existence de l'intégrale particulière pour les équations à coefficients constants.** — Le problème est donc ramené à la démonstration de l'existence de la fonction V, satisfaisant aux conditions énumérées précédemment.

Considérons d'abord les équations à coefficients constants. Par les transformations énumérées au premier chapitre, on peut les ramener, dans le cas des caractéristiques réelles, aux deux types bien connus :

$$\text{(A)} \qquad \frac{\partial^2 V}{\partial x^2} + \frac{\partial^2 V}{\partial y^2} - \frac{\partial^2 V}{\partial z^2} = 0$$

$$\text{(B)} \qquad \frac{\partial^2 V}{\partial x^2} + \frac{\partial^2 V}{\partial y^2} - \frac{\partial^2 V}{\partial z^2} + KV = 0$$

Dans l'un et l'autre cas, la surface à point singulier, pour le point $(x_0, y_0, z_0)$ se réduit au cône caractéristique

$$(z - z_0)^2 - r_0^2 = 0, \qquad r_0^2 = (x - x_0)^2 + (y - y_0)^2$$

Il est naturel de chercher une intégrale particulière, fonction de $z - z_0$ et de $z_0$ seulement.

Pour le premier type, on satisfait à toutes les conditions en prenant

$$(9) \qquad V_0 = \log. \left[ \pm \frac{z - z_0}{r_0} + \sqrt{\left(\frac{z - z_0}{r_0}\right)^2 - 1} \right]$$

le signe $\pm$ étant choisi de telle sorte que $z - z_0$ soit positif dans le domaine considéré. Cette solution a été donnée par M. Volterra (1) qui s'en servi pour retrouver et étendre la formule de Parseval-Poisson. On vérifie aisément que la fonction $\varphi(z - z_0)$ se réduit à l'unité.

La solution analogue pour le deuxième type ne paraît pas avoir été jusqu'ici considérée. Les recherches développées au chapitre suivant conduisent à adopter

$$(10) \qquad \left\{ \begin{array}{l} V_0 = \log. \left[ \pm \frac{z - z_0}{r^0} + \sqrt{\left(\frac{z - z_0}{r_0}\right)^2 - 1} \right] \times \\ \left[(z - z_0)^2 - r^2_0\right]^{-\frac{1}{4}} J_{\frac{1}{2}} \left(\sqrt{-K\left[(z - z_0)^2 - r^2_0\right]}\right) \end{array} \right.$$

où $J_{\frac{1}{2}}(u)$ désigne une fonction de Bessel :

$$J_{\frac{1}{2}}(u) = \sum^{\infty} \frac{(-1)^{\mu} \left(\frac{u}{2}\right)^{\frac{1}{2} + 2\mu}}{\Gamma(\frac{1}{2} + \mu + 1)\,\Gamma(\mu + 1)}$$

La fonction $\varphi$ devient :

$$(11) \qquad \varphi(z - z_0) = (z - z_0)^{-\frac{1}{2}} J_{\frac{1}{2}} \left(\sqrt{-K(z - z_0)^2}\right).$$

**18. L'Existence de la solution particulière pour les équations à coefficients variables.** — Les solutions que nous venons d'indiquer sont valables dans tout l'espace ; elles se prêteront à la discussion complète des divers problèmes rattachés aux équations correspondantes.

Dans le cas des équations à coefficients variables, on ne peut qu'établir l'existence des fonctions analogues et dans un domaine limité. Nous n'entreprendrons point ici la démonstration pour les équations linéaires les plus générales. Nous nous contenterons d'exposer pour un cas particulier, la méthode qui conduit au résultat.

Nous nous restreindrons à l'équation :

$$(C) \qquad \frac{\partial^2 V}{\partial x^2} + \frac{\partial^2 V}{\partial y^2} - \frac{\partial V^2}{\partial z^2} + c(x, y, z)\,V + f(x, y, z) = 0.$$

(1) Voir les mémoires cités.

Comme précédemment, la surface à point singulier relative au point $(x_0, y_0, z_0)$ se réduit au cône

$$C_0 \qquad z'^2_0 - r_0^2 = 0, \qquad (z'_0 = z - z_0,\ x'_0 = x - x_0,\ y'_0 = y - y_0)$$
$$r^2_0 = x'^2_0 + y'^2_0$$

Soient $C_1$ le cône caractéristique issu du point $M_1$ $(x_1, y_1, z_1)$ dont l'équation est

$$C_1 \qquad z'^2_1 - r_1^2 = 0$$
$$\begin{pmatrix} z'_1 = z_1 - z,\ x'_1 = x_1 - x,\ y'_1 = y_1 - y, \\ r_1^2 = x'^2_1 + y'^2_1 ; \end{pmatrix}$$

et $MM'_1$ son axe. Il faut trouver une fonction V satisfaisant aux conditions suivantes :

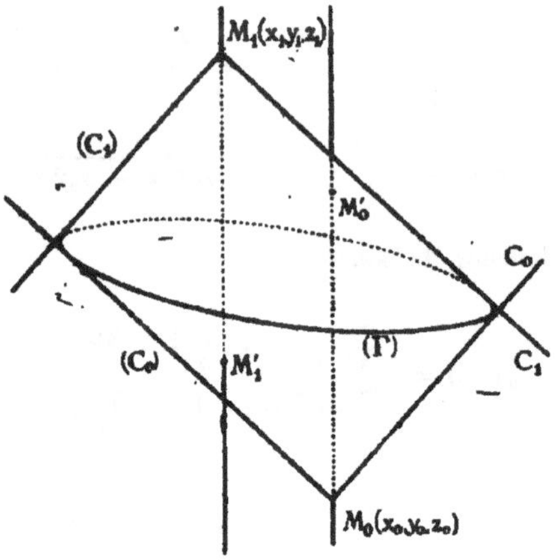


Fig. 2

1° pour tout domaine où elle est régulière

$$\Delta V + CV + f = 0, \qquad \left(\Delta V = \frac{\partial^2 V}{\partial x^2} + \frac{\partial^2 V}{\partial y^2} - \frac{\partial^2 V}{\partial z^2}\right)$$

2° sur $C_1$

$$V = 0$$

3° Sur l'axe $MM_1$

$$\lim r_1 \ V = 0$$
$$\lim r_1 \frac{\partial V}{\partial r_1} = \varphi\,(z_1 - z)$$

pour $\lim r_1 = 0$

$\frac{\partial V}{\partial r_1}$ représente la dérivée suivant la normale à l'axe $M_1M'_1$ qui coïncide dans ce cas avec la dérivée conormale sur un cylindre de révolution autour de cet axe ; on remarque que pour l'équation considérée $A = 1$.

On considère la fonction

$$(12) \qquad V_1 = (z'^2_1 - r^2_1)^m \log r_1$$

où $m$ est un entier supérieur à un. Elle s'annule sur $C_1$ et la discontinuité relative à la droite $M_1M'_1$ est de la nature de celles qui sont précisées par la condition (3).

Soit

$$V = V_1 + u$$

et substituons dans l'équation, on aura :

$$\Delta u + Cu + f_1 = 0, \qquad \left(\Delta u = \frac{\partial^2 u}{\partial x^2} + \frac{\partial^2 u}{\partial y^2} - \frac{\partial^2 u}{\partial z^2}\right)$$

$$f_1 = f(x, y, z) + (z'^2_1 - r^2_1)^{m-1} (A \log r_1 + B)$$

$$A = -2m(2+m) + (z'^2_1 - r^2_1)\, C(x, y, z)$$

$$B = -4m.$$

Nous allons démontrer l'existence d'une intégrale $u$ de cette nouvelle équation, continue dans un certain domaine comprenant le point $M_1$. Nous recourrons pour cela à la méthode des approximations successives [1].

Soient $M_0(x_0, y_0, z_0)$ un point intérieur à $C_1$, dans la région inférieure par exemple, et $C_0$ le cône caractéristique correspondant. On obtient ainsi un domaine (D) intérieur à chaque cône ; soient $(C_0)$ et $(C_1)$ les frontières qui le limitent.

Considérons les équations successives, relatives au domaine (D)

$$\Delta u_0 + f_1 = 0 \qquad \left(\Delta u = \frac{\partial^2 u}{\partial x^2} + \frac{\partial^2 u}{\partial y^2} - \frac{\partial^2 u}{\partial z^2}\right)$$

$$\Delta u_1 + Cu_0 + f_1 = 0$$

$$\cdots\cdots\cdots$$

$$\Delta u_n + Cu_{n-1} + f_1 = 0$$

$$\cdots\cdots\cdots$$

tous les $u$ s'annulant sur la frontière $(C_1)$. Nous obtiendrons ces fonctions en appliquant la formule fondamentale où l'on prend pour intégrale particulière

$$V_0 = \log\left(\frac{z'_0}{\delta_0} + \sqrt{\frac{z'^2_0}{r_0^2} - 1}\right).$$

[1] Voir M. R. d'Adhémar. — *Sur une intégration par approximations successives*. Bul. Soc. Math. t. XXIX, 1901.

Une difficulté se présente à cause de la discontinuité de $f_1$ sur $M_1M'_1$, mais elle n'entraîne aucune modification dans la formule. On aura, par exemple,

$$2\pi \int_{z_0}^{z'} u_0(x_0, y_0, z)\, dz = \int_{(D)} V_0 f_1(x, y, z\,;\, x_1, y_1, z_1) d\tau.$$

où $z'$ désigne l'ordonnée du point $M'_0$. Dérivons par rapport à $z_0$, il vient :

$$-2\pi u_0(x_0, y_0, z_0) = \frac{\partial}{\partial z_0} \int_{(D)} V_0 f_1(x, y, z\,;\, x_1, y_1, z_1)\, d\tau.$$

ou bien, puisque $V_0$ s'annule sur $(C_0)$,

$$u_0(x_0, y_0, z_0) = -\frac{1}{2\pi} \int_{(D)} \frac{\partial V_0}{\partial z_0} f_1(x, y, z\,;\, x_1, y_1, z_1)\, d\tau.$$

et d'une manière générale

$$u_n = u_0 - \frac{1}{2\pi} \int_{(D)} \frac{\partial V_0}{\partial z_0} C . u_{n-1}(x, y, z\,;\, x_1, y_1, z_1)\, d\tau.$$

$$(n = 1, 2, \ldots \infty)$$

Formons la série

$$u_0 + (u_1 - u_0) + \ldots + (u_n - u_{n-1}) + \ldots$$

et démontrons qu'elle converge uniformément.

Les raisonnements ordinaires de la méthode des approximations successives s'appliquent sans modifications essentielles. On a, en effet :

$$u_n - u_{n-1} = -\frac{1}{2\pi} \int_{(D)} C(x, y, z)\,(u_{n-1} - u_{n-2}) \frac{\partial V_0}{\partial z_0} d\tau.$$

Recourons à une notation déjà utilisée et soit M le maximum du module de $C(x, y, z)$ dans (D), il vient

$$| u_n - u_{n-1} | < \frac{M}{2\pi}\, | u_{n-1} - u_{n-2} | \int_{D} \frac{\partial V_0}{\partial z_0} d\tau$$

ou bien encore, $M_0$ désignant une nouvelle constante, indépendante de $n$,

$$| u_n - u_{n-1} | < | u_{n-1} - u_{n-2} | M_0 (z_1 - z_0)^2$$

on en déduit

$$| u_n - u_n | < | u_1 - u^0) [M_0 (z_1 - z_0)^2]^{n-2}$$

Or l'intégrale $u_0$ est finie quel que soit $(x_0, y_0, z_0)$ dans le domaine (D); il en est même de $u_1 - u_0$. Il suffira donc de satisfaire à la condition.

$$M_0 (z_1 - z_0)^2 < 1.$$

pour que la série converge uniformément et représente une fonction $u (x, y, z ; x_1, y_1, z_1)$ finie au voisinage de ce point.

Le calcul des dérivées demande quelques précautions à cause de la discontinuité des dérivées de la fonction $V_0$ sur le cône $C_0$.

Considérons par exemple la dérivée par rapport à $z_0$. Comme précédemment, nous sommes ramenés à démontrer que la série

$$\frac{\partial u_0}{\partial z_0} + \left(\frac{\partial u_1}{\partial z_0} - \frac{\partial u_0}{\partial z_0}\right) + \dots + \left(\frac{\partial u_n}{\partial z_0} - \frac{\partial u_{n-1}}{\partial z_0}\right) + \dots$$

est uniformément convergente. Tout revient à mettre les dérivées

$$\frac{\partial u_0}{\partial z_0}, \quad \frac{\partial u_1}{\partial z_0}, \dots \frac{\partial u_n}{\partial z_0}, \dots$$

sous une forme favorable à l'application de la méthode ordinaire de convergence.

Prenons tout d'abord

$$u_0 = -\frac{1}{2\pi} \int_{(D)} \frac{\partial V_0}{\partial z_0} f_1 dt$$

on a

$$\frac{\partial V_0}{\partial z_0} = -\frac{\partial V}{\partial z}$$

Remplaçons et intégrons par partie en représentant par $\frac{\partial z}{\partial n_i}$ la normale dirigée vers l'intérieur :

$$u_0 = -\frac{1}{2\pi} \int_{(D)} V_0 \frac{\partial f_1}{\partial z} d\tau - \frac{1}{2\pi} \int_{(C_1)} V_0 f_1 (x, y, z) \frac{\partial z}{\partial n_i} d\sigma$$

Dérivons maintenant par rapport à $z_0$, il vient

$$\frac{\partial u_0}{\partial z_0} = -\frac{1}{2\pi} \int_{(D)} \frac{\partial V_0}{\partial z_0} \frac{\partial f_1}{\partial z} \partial\tau - \frac{1}{2\pi} \int_{(C_1)} \frac{\partial V_0}{\partial z_0} f_1 (x, y, z) \frac{\partial z}{\partial n_i} \partial\sigma$$

et plus généralement

$$\frac{\partial u_n}{\partial z_0} = \frac{\partial u_0}{\partial z_0} - \frac{1}{2\pi}\int_{(D)} \frac{\partial V_0}{\partial z_0}\frac{\partial}{\partial z}(Cu_{n-1})\,d\tau - \frac{1}{2\pi}\int_{(C_1)} \frac{\partial V_0}{\partial z_0} Cu_{n-1}\frac{\partial z}{\partial n_1}\,d\sigma.$$

En partant de cette expression, on parviendra par un raisonnement analogue à celui que nous avons développé pour la fonction $u$, à établir la convergence de la série.

On procéderait de même pour les autres dérivées.

La fonction $u\,(x, y, z : x_1, y_1, z_1)$ étant continue, ainsi que ses dérivées premières, dans un domaine contenant le point $M_1$ satisfera sur l'axe $M_1M'_1$ aux conditions

$$\lim r_1 \frac{\partial u}{\partial r_1} = 0,$$

$$\lim r_1 u = 0.$$

La fonction

$$V = (z'^2_1 - r_1^2)^m \log r_1 + u\,(x, y, z\,;\, x_1, y_1, z_1) \tag{13}$$

répond à toutes les conditions imposées.

Au lieu de partir de la fonction

$$V_1 = (z'^2_1 - r^2_1)^m \log r_1,$$

nous aurions pu nous servir d'une forme plus générale et prendre

$$V_1 = (z'^2_1 - r_1^2)^m \left[\varphi(r_1) \log r_1 + \Psi(r_1)\right]$$

$\varphi$ et $\Psi$ désignant des séries convergentes de la variable $r_1$ et $\varphi(r_1)$ ne s'annulant point pour $r_1 = 0$.

Les résultats auxquels nous venons de parvenir sont en correspondance évidente avec les recherches relatives à la fonction de Green et certains travaux de M. Picard sur les équations linéaires à caractéristiques imaginaires [1].

## II. — Les Nappes Caractéristiques

**19. Intégrale liée à une ligne extérieure en chacun de ses points au cône caractéristique.** — L'extension de la méthode de Riemann que nous venons de don-

(1) Voir en particulier, *Sur l'équilibre calorifique d'une surface fermée rayonnant au dehors*. C. R., t. CXXX, p. 1469 (séance du 19 juin 1900) et *De l'intégration de l'équation* $\Delta u = e^u$ *sur une surface fermée*. (*Bulletin des Sciences mathématiques* 2e s., t. XXIV ; septembre 1900).

ner d'après M. Volterra, repose sur l'inversion d'une intégrale étendue à une ligne passant par le sommet de la surface à point singulier et intérieure à cette surface. Lorque la ligne est extérieure, il est aisé d'obtenir une intégrale analogue en recourant aux nappes caractéristiques.

Pour y parvenir, supposons que la ligne (L) rencontre la surface S sur laquelle on se donne les valeurs de la fonction et de sa dérivée conormale en deux points A et B et que, dans tout l'intervalle AB, elle est extérieure au cône dont le sommet est en chacun de ses points. Par AB on pourra faire passer deux nappes caractéristiques $C_1$ et $C_2$ qui couperont S suivant les lignes $\Gamma_1$ et $\Gamma_2$. Soient $(C_1)$, $(C_2)$ et (S) les portions des surfaces $C_1$, $C_2$ et S limitées respectivement par les lignes $(L, \Gamma_1)$, $(L, \Gamma_2)$ et $(\Gamma_1\, \Gamma_2)$.

La formule (II) peut être appliquée au domaine D limité par les frontières $(C_1)$, $(C_2)$ et (S). Prenons pour V une intégrale particulière de l'adjointe et pour U la solution de l'équation proposée définie par ses valeurs et celles de sa dérivée conormale sur S, on aura :

$$\int_{(S)} \left[\left(V \frac{\partial U}{\partial \nu} - U \frac{\partial V}{\partial \nu}\right)A + P_n UV\right] d\sigma +$$

$$+ \int\int_{(C_1)} \left[\left(V \frac{\partial U}{\partial l_1} - U \frac{\partial V}{\partial l_1}\right)A_1 + P_{n_1} UV\right] A_1 du\, dl_1 +$$

$$+ \int\int_{(C_2)} \left[\left(V \frac{\partial U}{\partial l_2} - U \frac{\partial V}{\partial l_2}\right)A_2 + P_{n_2} UV\right] A_2 du\, dl_2 = 0.$$

Transformons les intégrales étendues aux surfaces caractéristiques. Sur chacune d'elle adjoignons aux bicaractéristiques une famille de lignes parallèles à AB et soit $\lambda$ la variable paramétrique qui lui correspond. Désignons par les indices 1 ou 2 les valeurs d'une fonction suivant qu'on la considère comme prise sur la surface $C_1$ ou bien sur la surface $C_2$ et assujetissons la fonction V à satisfaire aux conditions suivantes : à l'intérieur de D et sur la frontière :

$$G(V) = 0, \tag{14}$$

sur la caractéristique $C_1$ :

$$2A_1 \frac{\partial V_1}{\partial l_1} + V_1\left[\frac{1}{A_1} \frac{\partial A_1 A_1}{\partial l_1} - P_{n_1}\right] = 0; \tag{15}$$

sur la caractéristique $C_2$ :

$$2A_2 \frac{\partial V_2}{\partial l_2} + V_2\left[\frac{1}{A_2} \frac{\partial A_2 A_2}{\partial l_2} - P_{n_2}\right] = 0. \tag{15'}$$

On aura :

$$
\text{(IV)} \left\{ \begin{aligned} &\int_{A(L)}^{B} UV(A_1A_1 + A_2A_2)d\lambda = \\ &= \int_{(\Gamma_1)} UV_1A_1d\lambda + \int_{\Gamma_2} UV_2A_2d\lambda + \int_{(s)} \left[\left(V\frac{\partial U}{\partial \nu} - U\frac{\partial V}{\partial \nu}\right)A + P_nUV\right]d\sigma. \end{aligned} \right.
$$

Il nous reste à démontrer l'existence d'une fonction satisfaisant aux conditions (15) et (15)'. Il nous suffira, pour cela, d'établir que ces conditions permettent de déterminer les valeurs finies prises par l'intégrale considérée de G(V) sur les deux nappes caractéristiques qui se croisent sur AB. On sait [1] en effet, que ces données déterminent complètement l'intégrale et nous indiquerons plus loin comment on peut effectivement former la solution, dès que l'on connaît l'intégrale principale de Riemann.

Sur la surface $C_1$, la condition (15) peut être considérée comme une équation différentielle définissant $V_1$. En intégrant et en désignant par $\varphi_1(\lambda)$ une fonction arbitraire du paramètre $\lambda$, on a

$$
V_1 = \frac{\varphi_1(\lambda)}{\sqrt{A_1A_1}} e^{\int \frac{P_{n_1}dl_1}{2A_1}}.
$$

On aura de même pour la condition (15)″

$$
V_2 = \frac{\varphi_2(\lambda)}{\sqrt{A_2A_2}} e^{\int \frac{P_{n_2}dl_2}{2A_2}}.
$$

Les fonctions $\varphi$ seront assujeties à la condition que les valeurs de $V_1$ et de $V_2$ soient égales sur la ligne AB. Ces valeurs sont d'ailleurs finies comme on le reconnaît aisément en se reportant aux définitions de A, A et $P_n$ ainsi qu'aux hypothèses qui ont été faites.

La formule (IV) est l'analogue pour la région extérieure au cône de la formule (III) que nous avons utilisée au début de ce chapitre. Mais elle ne se prête plus à l'inversion. Pour obtenir une nouvelle solution, il faut recourir à un tout autre procédé, comme l'a montré M. Volterra [2].

**20. Cas d'une frontière formée exclusivement de Caractéristiques.** — Les formules (III) et (IV) appliquées à un domaine limité exclusivement par des caractéristiques conduisent à des relations remarquables. Divers cas sont à distinguer suivant la

(1) Voir le numéro 8.

(2) *Sulle onde cilindriche nei mezzi isotropi* (*Atti della reale Accademia dei Lincei*, série V, vol. 1, p. 27).

nature des surfaces qui forment la frontière. On pourra avoir un domaine limité soit par deux surfaces à point singulier, soit par une surface à point singulier et deux nappes caractéristiques, soit encore par quatre nappes caractéristiques.

1° *Le domaine doublement conique est compris entre deux surfaces à point singulier de sommet* $M_0$ *et* $M_1$. Nous avons déjà considéré un cas particulier au numéro 18. Il n'y a rien d'essentiel à changer à ce que nous avons dit. Au lieu de deux cônes, on aura deux surfaces coniques et les mêmes raisonnements seront valables. Si l'on a en vue la détermination de l'intégrale au point $M_0$ on fera passer par ce point une ligne intérieure au domaine (et l'on pourra toujours faire en sorte qu'une parallèle à $oz$ satisfasse à cette condition si le domaine est suffisamment restreint) et l'on déterminera

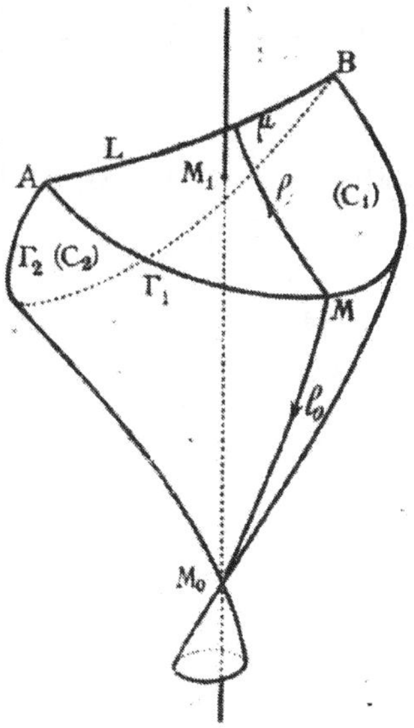


Fig. 3

ensuite l'intégrale principale de façon à satisfaire aux conditions (3), (4) et (5). Il est à remarquer que dans l'intégrale étendue à la surface à point singulier $M_1$ la dérivée conormale est complètement déterminée par les valeurs de l'intégrale sur cette surface;

2° *Le domaine est compris entre deux nappes caractéristiques qui se croisent sur une ligne* L *et une surface à point singulier de sommet* $M_0$, (*fig.* 3).

Les intégrales étendues à la surface conique et aux nappes caractéristiques peuvent être transformées comme on l'a fait aux numéros (15) et (19). Supposons que la variété singulière soit la parallèle à $oz$ menée par le point $M_0$ $(x_0, y_0, z_0)$. Désignons par $\Gamma_1$ et $\Gamma_2$ les intersections des nappes $C_1$ et $C_2$ avec la surface conique. On peut appliquer la formule (III) en prenant pour V l'intégrale principale satisfaisant aux conditions (3), (4) et (5) et l'on a, en adoptant les transformations effectuées au numéro (19) et en affectant des indices 0, 1 et 2 les valeurs des fonctions sur la surface conique et sur les caractéristiques $C_1$, et $C_2$, la relation fondamentale :

$$(16)\quad \left\{\begin{aligned} & 2\pi\int_{z_0}^{z_1} U(x_0, y_0, z)\varphi(z - z_0)dz = \\ & \int\int_{(C_1)} U\left[V_1\left(P_{n_1} - \frac{\partial A_1 A_1}{\partial l_1}\right) - 2A_1\frac{\partial V_1}{\partial l_1}\right]A_1 d\lambda dl_1 + \\ & + \int\int_{(C_2)} U\left[V_2\left(P_{n_2} - \frac{\partial A_2 A_2}{\partial l_2}\right) - 2A_2\frac{\partial V_2}{\partial l_2}\right]A_2 d\lambda dl_2 \\ & + \int_{\Gamma_1+\Gamma_2} UVA_0A^0 du + \int_{\Gamma_1} UV_1A_1A_1 d\lambda_1 + \int_{\Gamma_2} UV_2A_2A_2 d\lambda_2 \\ & - \int_L UV(A_1A_1 + A_2A_2)d\lambda. \end{aligned}\right.$$

Cette formule permettra d'obtenir la fonction U au point $M_0$ en reprenant les raisonnements du numéro 16.

Mais en outre, si l'on remarque que le second membre ne dépend que des valeurs de l'intégrale sur les surfaces caractéristiques $C_1$ et $C_2$, nous avons une nouvelle démonstration du théorème suivant.

*Une intégrale d'une équation aux dérivées partielles linéaires du second ordre est complètement déterminé par les valeurs qu'elle prend sur deux nappes caractéristiques qui se coupent* (1).

3° *On peut encore considérer un domaine limité par quatre nappes caractéristiques.* Pour le définir avec précision, prenons deux lignes L et L′ qui se coupent en deux points A et B et telles que par chacune d'elles on puisse faire passer deux nappes caractéristiques. Ces surfaces se couperont suivant deux autres lignes qui passeront aussi en A et B. On détermine ainsi un domaine limité exclusivement par des nappes caractéristiques. En étendant à ce domaine la formule (IV) et en introduisant sur toutes les frontières les variables bicaractéristiques, on obtiendra des relations relatives aux valeurs prises par l'intégrale considérée sur les lignes L, L′, Γ et Γ′.

Tous ces résultats sont des généralisations de ceux qui ont été signalés par M. Dini dans ses belles recherches sur les méthodes de Green et de Riemann (2).

(1) Voir les numéros 8 et 19.

(2) *Sulle equazioni e derivate parziali del 2° ordine.* (*Rendiconti della Reale Accademia dei Lincei*, série V. vol. V et VI, 1896-1897.

# CHAPITRE III

—

## SOLUTIONS PARTICULIÈRES DES ÉQUATIONS A COEFFICIENTS CONSTANTS

**21. L'Extension aux espaces à plus de trois dimensions.** — La méthode que nous avons exposée au chapitre précédent peut s'étendre lorsqu'il y a un nombre quelconque de variables, mais avec les complications et les imprévus que comportent les connexités multiples des hyperespaces.

Pour s'orienter au milieu d'une foule de questions nouvelles, il semble utile de faire une étude spéciale d'un cas simple. D'autre part l'emploi des approximations successives exige que l'on sache résoudre complètement le problème pour les équations homogènes à coefficients constants. Nous sommes ainsi amenés à nous occuper d'une façon particulière de ce type d'équations dans lequelle les difficultés inhérentes à ce genre d'étude se présenteront évidemment sous les formes les plus simples.

Un cas particulier, le plus important au point de vue des applications à la Physique Mathémathique, a été traité d'abord par M. Volterra (¹) puis par M. Tedone en étendant la méthode de M. Volterra pour le cas de trois variables. Il comprend les équations de la forme

$$\frac{\partial^2 V}{\partial t^2} - \sum_{i=1}^{m} \frac{\partial^2 V}{\partial x^2_i} = 0 \qquad (\Delta^{1m} V = 0).$$

La surface à point singulier partage, comme on l'a vu au numéro 10, l'espace en trois régions linéairement connexes. Dans le cas général, au contraire, il n'y en a que deux ; les équations peuvent alors, en laissant de côté certains cas exceptionnels, être ramenées à la forme canonique.

$$\text{(A)} \qquad \sum_{i=1}^{p} \frac{\partial^2 V}{\partial x^2_i} - \sum_{j=1}^{q} \frac{\partial^2 V}{\partial y^2_j} KV = 0 \quad \text{ou} \quad \Delta^{pq} V + KV = 0,$$

les nombres $p$ et $q$ étant différents de un.

(¹) Voir l'introduction et la note du numéro 14.

Ces équations sont identiques à leur adjointe. La méthode de Riemann s'applique, comme nous le verrons, à condition d'introduire la surface à point singulier

$$(C)\quad \begin{cases} r^2 - t^2 = 0 \\ r = \sqrt{\sum_{i=1}^{p} (x_i - x^0_i)^2}, \quad t = \sqrt{\sum_{j=1}^{q} (y_j - y^0_j)^2}. \end{cases}$$

On est conduit à chercher des solutions qui s'annulent sur (C) et qui en outre deviennent infinies sur les variétés $r = 0$ ou $t = 0$. La détermination de ces fonctions et l'inversion des intégrales que l'on obtient par leur intermédiaire constituent les deux principales difficultés du problème.

Afin de ne point être arrêté par la suite dans l'exposé de la méthode, nous allons dans ce chapitre procéder à la recherche des intégrales dont nous aurons besoin et étudier leurs propriétés au point de vue de notre sujet. On sera ramené à la discussion d'une équation aux dérivées partielles du second ordre à deux variables et du type hyperbolique qui se trouve avoir déjà une importance fondamentale en Physique mathématique.

**22. L'Equation généralisée d'Euler et Poisson.** — Cherchons des intégrales particulières de (A) qui ne dépendent de $x$ et $y$ que par l'intermédiaire de $r$ et $t$. Pour cela substituons dans (A) la fonction $\varphi(r, t)$.

On obtient parun calcul facile

$$(1)\quad \frac{\partial^2\varphi}{\partial r^2} - \frac{\partial^2\varphi}{\partial t^2} + \frac{p-1}{r}\frac{\partial\varphi}{\partial r} - \frac{q-1}{t}\frac{\partial\varphi}{\partial t} + K\varphi = 0.$$

Nous emploirons cette équation le plus souvent sous cette forme. Mais par des changements de fonctions et de variables on peut mettre en évidence son rapprochement avec des équations connues et en particulier avec la célèbre équation d'Euler et Poisson.

Posons

$$\varphi = \lambda z,$$

où $z$ désigne une nouvelle fonction et déterminons $\lambda$ de telle sorte que les dérivées premières disparaissent. Il suffira de prendre

$$\lambda = r^{\frac{1-p}{2}}\, t^{\frac{1-q}{2}}$$

et l'on aura la nouvelle équation :

$$(2)\quad \frac{\partial^2 z}{\partial r^2} - \frac{\partial^2 z}{\partial t^2} + z\left[\frac{(q-1)(q-3)}{4t^2} - \frac{(p-1)(p-3)}{4r^2} + K\right] = 0.$$

Ou bien encore en posant :

$$r + t = 2x, \qquad r - t = 2y,$$

il vient

$$(2)' \quad \frac{\partial^2 z}{\partial x \partial y} + z\left[\frac{\frac{q-1}{2}\cdot\left(\frac{q-1}{2}-1\right)}{(x-y)^2} - \frac{\frac{p-1}{2}\cdot\left(\frac{p-1}{2}-1\right)}{(x+y)^2} + \mathrm{K}\right] = 0.$$

Sous cette forme on reconnaît une équation harmonique. Si l'on suppose $\mathrm{K} = 0$ on obtient une équation signalée déjà par M. Darboux et qui peut être considérée comme une généralisation de l'Equation d'Euler [1].

**23. Solutions avec fonctions arbitraires.** — Représentons par $\mathrm{A}(p, q)\varphi$ le premier membre de l'équation (1) et soit $\varphi$ une solution. On vérifie sans difficultés que

$$\frac{1}{r}\frac{\partial\varphi}{\partial r} \text{ est solution de } \mathrm{A}(p+2, q)\varphi$$

et que

$$\frac{1}{t}\frac{\partial\varphi}{\partial t} \text{ l'est de } \mathrm{A}(p, q+2)\varphi.$$

Désignons encore $\mathrm{D}_r\varphi$ l'opération $\frac{1}{r}\frac{\partial\varphi}{\partial r}$, par $\mathrm{D}_t$ l'opération $\left(\frac{1}{t}\frac{\partial\varphi}{\partial t}\right)$ et d'une façon générale par $\mathrm{D}^{\alpha+\beta}_{r^\alpha t^\beta}\varphi$ l'opération $\frac{1}{r}\frac{\partial}{\partial r}$ répétée $\alpha$ fois suivie de l'opération $\frac{1}{t}\frac{\partial}{\partial t}$ répétée $\beta$ fois.

Si $\varphi$ est une intégrale de $\mathrm{A}(p, q)\varphi = 0$, $\mathrm{D}^{\alpha+\beta}_{r^\alpha t^\beta}\varphi$ sera solution de l'équation $\mathrm{A}(p + 2\alpha, q + 2\beta)\varphi = 0$. Cette propriété est évidemment indépendante de la nature des nombres $p$ et $q$.

Lorsque ces nombres sont des entiers positifs, comme cela a lieu pour les équations qui nous occupent, on devra distinguer la parité et suivant les valeurs de $p$ ou $q$, on obtiendra des intégrales en partant de solutions particulières de l'une des quatre formes suivantes :

$$\mathrm{A}(1,1) = \frac{\partial^2\varphi}{\partial r^2} - \frac{\partial^2\varphi}{\partial t^2} + \mathrm{K}\varphi, \qquad (p = 2p' + 3, \quad q = 2q' + 3);$$

$$\mathrm{A}(2,1) = \frac{\partial^2\varphi}{\partial r^2} - \frac{\partial^2\varphi}{\partial t^2} + \frac{1}{r}\frac{\partial\varphi}{\partial r} + \mathrm{K}\varphi, \qquad (p = 2p' + 2, \quad q = 2q' + 3);$$

$$\mathrm{A}(1,2) = \frac{\partial^2\varphi}{\partial r^2} - \frac{\partial^2\varphi}{\partial t^2} - \frac{1}{t}\frac{\partial\varphi}{\partial t} + \mathrm{K}\varphi, \qquad (p = 2p' + 3, \quad q = 2q' + 2);$$

$$\mathrm{A}(2,2) = \frac{\partial^2\varphi}{\partial r^2} - \frac{\partial^2\varphi}{\partial t^2} + \frac{1}{r}\frac{\partial\varphi}{\partial r} - \frac{1}{t}\frac{\partial\varphi}{\partial t} + \mathrm{K}\varphi, \qquad (p = 2p' + 2, \quad q = 2q' + 2).$$

[1] M. Darboux, *Théorie générale des surfaces*, t. II, p. 150 et p. 212.

Cette simple remarque nous permettra d'obtenir les intégrales avec deux fonctions arbitraires, lorque K sera nul, en partant des solutions connues de l'équation d'Euler. Examinons chaque cas en particulier.

1° *p et q sont impairs* : On a l'équation des cordes vibrantes

$$\frac{\partial^2 \varphi}{\partial t^2} - \frac{\partial^2 \varphi}{\partial t^2} = 0$$

dont l'intégrale générale est de la forme :

$$F(r + t) + G(r - t).$$

L'intégrale cherchée sera donc

$$\text{(3)} \qquad \Phi = D^{p'+q'+2}_{r^{p'+1}\,t^{q'+1}} \left[F(r+t) + G(r-t)\right].$$

et sous forme développée.

$$\text{(3)}' \left\{ \begin{aligned} \Phi = \frac{1}{r^{2p'+1}\,t^{2q'+1}} \Big( & A^{p'+q'} F^{(p'+q'+2)} + A_{p'+q'-1} F^{(p'+q'+1)} + \ldots + \\ & + A_0 F'' + B_{p'+q'} G^{(p'+q'+2)} + B_{p'+q'-1} G^{(p'+q'+1)} + \ldots + B_0 G'' \Big) \end{aligned} \right.$$

en désignant par A et B des polynômes homogènes en $r$ et $t$ dont le degré est marqué par l'indice.

Si l'un des nombres $p'$ ou $q'$ était égal à un le résultat se simplifierait et l'on aurait, en supposant $F(r+t)$ identiquement nulle, la formule suivante utilisée par M. Volterra dans ses recherches sur le principe d'Huygens [1] :

$$\text{(3)}'' \left\{ \begin{aligned} & \Phi = \frac{1}{r^{2p'+1}} \left[A_{p'} G^{(p'+1)}(r-t) + A_{p'-1} G^{p'}(r-t) + \ldots + A_0 G'(r-t)\right], \\ & A_h = (-2)^h \frac{(2p-h)!}{(p-h)!\,h!} r^h. \end{aligned} \right.$$

En particularisant les fonctions F et G nous obtiendrons des solutions répondant aux conditions qui nous seront imposées par la méthode de Riemann. Il nous suffira de prendre dans la formule (3)' $G'' = (r - t)^{p'+q'+1}$ avec $F = 0$ ; dans (3)'' on choisira $G' = (r - t)^{p'+1}$.

2° *p est pair et q impair.* L'équation

$$\frac{\partial^2 \varphi}{\partial r^2} - \frac{\partial^2 \varphi}{\partial t^2} + \frac{1}{r}\frac{\partial \varphi}{\partial r} = 0$$

[1] Voir VOLTERRA, *Rendic. acc. Lincei*, 5e série, t. I, p. 167.

devient, en prenant comme nouvelles variables

$$x = t - r, \quad y = t + r,$$

$$\frac{\partial^2 \varphi}{\partial x \partial y} - \frac{\frac{1}{2}}{x-y}\frac{\partial \varphi}{\partial x} + \frac{\frac{1}{2}}{x-y}\frac{\partial \varphi}{\partial y} = 0.$$

Son intégrale générale peut se mettre sous la forme [1]

$$(4) \quad \begin{cases} \Phi_1 = \displaystyle\int_0^1 \varphi\left[t + r(2\alpha - 1)\right] \frac{d\alpha}{\sqrt{\alpha(1-\alpha)}} + \\ \quad + \displaystyle\int_0^1 \Psi\left[t + r(2\alpha - 1)\right] \log\left[\alpha(1-\alpha)\, 2r\right] \frac{d\alpha}{\sqrt{\alpha(1-\alpha)}}. \end{cases}$$

où $\varphi$ et $\Psi$ désignent des fonctions arbitraires. L'intégrale cherchée sera

$$\Phi = D^{p'+q'+1}_{r^{p'}\, t^{q'+1}}\, \Phi_1.$$

L'expression $\Phi_1$ est de la forme

$$(4)' \qquad P_1 + Q_1 \log r.$$

Elle conservera encore la même forme après l'application du symbole opératoire $D^{p'+q'+1}_{r^{p'}\, t^{q'}+1}$ et l'on aura dans ce cas :

$$(5)' \quad \begin{cases} \Phi = P + Q \log r, \\ Q = \displaystyle\int_0^1 \log 2\alpha(1-\alpha) \frac{d\alpha}{\sqrt{\alpha.(1-\alpha)}}\, D^{p'+q'+1}_{r^{p'}\, t^{q'+1}}\; \Phi\left[t + r(2\alpha - 1)\right], \\ P = \displaystyle\int_0^1 \frac{d\alpha}{\sqrt{\alpha(1-\alpha)}}\, D^{p'+q'+1}_{r^{p'}\, t^{q'+1}} \left\{ \varphi\left[t + r(2\alpha-1)\right] + \right. \\ \qquad \left. + \log 2\alpha(1-\alpha).\, \psi\left[t + r(2\alpha - 1)\right] \right\} \\ \quad + \displaystyle\sum_{m=0}^{p'-1} D^{m+q'+1}_{r^m\, t^{q'+1}} \left[ \frac{1}{r^2} \int_0^1 \psi\left[t + r(2\alpha-1)\right] \log 2\alpha(1-\alpha) \frac{d\alpha}{\sqrt{\alpha(1-\alpha)}} \right]. \end{cases}$$

[1] Voir par exemple Darboux, *Théorie des surfaces*, t. II, p. 69.

On aurait un résultat en tout semblable correspondant au cas où $q$ serait pair et $p$ impair.

3° *Lorsque* p *et* q *sont tous les deux pairs*, on effectuera le changement de variables

$$u = \frac{(r+t)^2}{2} \qquad v = \frac{(r-t)^2}{2}.$$

Ce qui ramènera l'équation A(2,2) à la forme d'Euler

$$\frac{\partial^2 \varphi}{\partial u \partial v} - \frac{\frac{1}{2}}{u-v}\frac{\partial \varphi}{\partial u} + \frac{\frac{1}{2}}{u-v}\frac{\partial \varphi}{\partial v} = 0.$$

Les solutions se déduiront de l'intégrale générale de cette dernière équation comme précédemment. En revenant au anciennes variables, on peut l'écrire :

$$(6)\quad \left\{ \begin{aligned} \Psi_1 = & \int_0^1 \varphi\left[\frac{(r+t)^2 - 4rt\alpha}{2}\right]\frac{d\alpha}{\sqrt{\alpha(1-\alpha)}} + \\ & + \int_0 \psi\left[\frac{(r+t)^2 - 4rt\alpha}{2}\right]\log \alpha(1+\alpha)\,(r+t)^2.\,\frac{d\alpha}{\sqrt{\alpha(1-\alpha)}}. \end{aligned} \right.$$

On aura en appliquant le symbole $D^{p\,+\,q'}_{r^{r'}\,t^{p'}}$ :

$$(7)\qquad \Psi = R + S.\log(r+t),$$

R et S ayant des significations analogues à celles de P et Q.

**24. Les solutions homogènes.** — Parmi les solutions particulières de l'équation (1) celles qui sont homogènes ont un intérêt spécial pour la suite. Remplaçons $\varphi(r, t)$ par la valeur $r^m t^n f\left(\frac{r}{t}\right)$ et posons $\frac{r}{t} = u$. Il vient en multipliant par $r^2$ :

$$(8)\quad \left\{ \begin{aligned} & u^2(1-u^2)\frac{d^2 f}{du^2} + \left[2m + p - 1 + (2n + q - 3)u^2\right]u\frac{df}{du} + \\ & + \left[m(m+p-2) - n(n+q-2)u^2\right]f = 0. \end{aligned} \right.$$

Cette équation se ramène à celle des fonctions hypergéométriques par le changement de variable et de fonction

$$(9)\qquad x = u^2, \qquad \varphi = x^{\frac{m}{2}} f(\sqrt{x});$$

on a

$$(10)\qquad \begin{cases} x(1-x)\varphi'' + \left[\frac{p}{2} - \left(1 - \frac{2m+2n+q-2}{2}\right)x\right]\varphi' - \\ \qquad - \frac{m+n}{2}\cdot\frac{m+n+q-2}{2}\varphi = 0 \end{cases}$$

que nous représenterons par la notation abrégée

$$G\left(-\frac{m+n}{2}, -\frac{m+n+q-2}{2}, \frac{p}{2}, x\right)\varphi = 0.$$

Soit $F(x)$ une solution de cette équation, la solution correspondante de l'équation (1) sera

$$r^m t^n \left(\frac{r}{t}\right)^{-m} F(u^2) = t^{m+n} F(u^2).$$

Comme $m$ et $n$ n'interviendront partout que dans la somme $m + n$, nous ne nuirons pas à la généralité de la solution en posant

$$m + n = \lambda$$

et l'on aura des intégrales de la forme

$$(11)\qquad t^\lambda F(u^2),$$

F étant une solution quelconque de l'équation des fonctions hypergéométriques :

$$(10)'\qquad G\left(-\frac{\lambda}{2}, -\frac{\lambda+q-2}{2}, \frac{p}{2}, x\right)\varphi = 0.$$

Parmi ces solutions nous ferons usage presque continuellement de la suivante

$$(12)\qquad x^{\frac{2-p}{2}}(1-x)^{\frac{p+q}{2}+\lambda-1} F\left(\frac{\lambda+2}{2}, \frac{\lambda+q}{2}, \frac{p+q}{2}+\lambda, 1-x\right)$$

où l'on a suivant la notation habituelle

$$F(\alpha, \beta, \gamma, x) = 1 + \frac{\alpha.\beta}{\gamma}u + \frac{\alpha(\alpha+1)\beta(\beta+1)}{1.2.\gamma(\gamma+1)}u^2 + \dots$$

Pour $x = 1$, F se réduit à l'unité et l'intégrale s'annule si

$$\frac{p+q}{2} + \lambda - 1 > 0.$$

Pour $x = 0$ elle se comportera comme

$$x^{\frac{2-p}{2}} F\left(\frac{\lambda+2}{2}, \frac{\lambda+q}{2}, \frac{p+q}{2}+\lambda, 1\right).$$

Or on a

$$F\left(\frac{\lambda+2}{2}, \frac{\lambda+q}{2}, \frac{p+q}{2}+\lambda, 1\right) = \frac{\Gamma\left(\frac{p+q}{2}+\lambda\right)\Gamma\left(\frac{p-2}{2}\right)}{\Gamma\left(\frac{p+q+\lambda-2}{2}\right)\Gamma\left(\frac{p+\lambda}{2}\right)};$$

le coefficient de $x^{\frac{2-p}{2}}$ sera donc fini si

$$p-2>0, \qquad \frac{p+q}{2}+\lambda>0, \qquad \lambda+p+q-2>0, \qquad \lambda+p>0.$$

Si ces conditions sont remplies, l'intégrale se comportera pour $x = 0$ comme $x^{\frac{2-p}{2}}$ et par suite la solution cherchée comme

$$t^{\lambda} x^{\frac{2-p}{2}} = \frac{t^{\lambda+p-2}}{r^{p-2}}.$$

Examinons maintenant le cas de $p = 2$ et faisons usage des notations habituelles dans la théorie des fonctions hypergéométriques. Nous chercherons à exprimer l'intégrale

$$(1-x)^{\gamma-\alpha-\beta} F(\gamma-\alpha, \gamma-\beta, \gamma-\alpha-\beta+1, 1-x)$$

à l'aide des deux autres

$$x^{1-\gamma} F(\alpha+1-\gamma, \beta+1-\gamma, 2-\gamma, x)$$

et

$$F(\alpha, \beta, \gamma, x).$$

Lorsque $\gamma$ tend vers 1, ces deux intégrales deviennent identiques. Mais la première peut être remplacée par

$$F_1(\alpha, \beta, 1, x) + F(\alpha, \beta, 1, x)\log x,$$

$F_1$ étant un polynôme en $x$. Pour cela nous transformerons la relation

$$(1-x)^{\gamma-\alpha-\beta} F(\gamma-\alpha, \gamma-\beta, \gamma-\alpha-\beta+1, 1-x) =$$
$$= F(\alpha, \beta, \gamma, x)\,\frac{\Gamma(\gamma-1-\alpha-\beta)\,\Gamma(1-\gamma)}{\Gamma(1-\alpha)\,\Gamma(1-\beta)} +$$
$$+ x^{1-\gamma} F(\alpha+1-\gamma, \beta+1-\gamma, 2-\gamma, x)\,\frac{\Gamma(\gamma-1-\alpha-\beta)\,\Gamma(\gamma-1)}{\Gamma(\gamma-\alpha)\,\Gamma(\gamma-\beta)}.$$

en posant (¹)

$$\begin{gathered}x^{1-\gamma} F(\alpha+1-\gamma, \beta+1-\gamma, 2-\gamma, x)=\varphi_1+\varphi.(1-\gamma) \\ \varphi_1=F(\alpha, \beta, \gamma, x) ; \quad \varphi=F_1(\alpha, \beta, \gamma, x)+F(\alpha, \beta, \gamma, x) \log x\end{gathered}$$

et nous ferons tendre $\gamma$ vers 1. On obtient ainsi

$$\begin{gathered}(1-x)^{1-\alpha-\beta} F(1-\alpha, 1-\beta, 2-\alpha-\beta, 1-x)= \\ =F(\alpha, \beta, 1, x) \frac{\Gamma(-\alpha-\beta)}{\Gamma(1-\alpha) \Gamma(1-\beta)} \cdot\left[2 \Gamma'(1)-\frac{\Gamma'(1-\alpha)}{\Gamma(1-\alpha)}-\frac{\Gamma'(1-\beta)}{\Gamma(1-\beta)}\right]- \\ -\left[F_1(\alpha, \beta, 1, x)+F(\alpha, \beta, 1, x) \log x\right] \frac{\Gamma(-\alpha-\beta)}{\Gamma(1-\alpha) \Gamma(1-\beta)}.\end{gathered}$$

Or on a

$$\alpha=-\frac{\lambda}{2}, \quad \beta=-\frac{\lambda+q-2}{2}, \quad \gamma=\frac{p}{2}=1 ;$$

par suite

$$1-\alpha=\frac{\lambda+2}{2}, \quad 1-\beta=\frac{\lambda+q}{2}, \quad -\alpha-\beta=\frac{2 \lambda+q-2}{2}, \quad 1-\alpha-\beta=\frac{2 \lambda+q}{2}.$$

Supposons que l'on ait

$$\lambda+2>0, \quad \lambda+q>0, \quad 2 \lambda+q-2>0,$$

les fonctions $\Gamma$ auront un sens bien déterminé et le deuxième membre sera de la forme

$$P(x)+Q(x) \log (x).$$

où $P(x)$ et $Q(x)$ ne deviennent pas infinis lorsque $x$ s'annule.

Pour $x=0$, cette expression se comportera comme

$$\frac{\Gamma\left(\frac{2 \lambda+q-2}{2}\right)}{\Gamma\left(\frac{\lambda+2}{2}\right) \Gamma\left(\frac{\lambda+q}{2}\right)} \log x.$$

Nous avons donc finalement obtenu les deux intégrales suivantes que nous désignerons par $V_p$ et $V^2_p$ pour indiquer le rôle spécial que joue le nombre $p$

$$(1) \left\{\begin{array}{l}V_p=r^{2-p} t^{\lambda+p-2}(1-x)^{\frac{p+q}{2}+\lambda-1} F\left(\frac{\lambda+2}{2}, \frac{\lambda+q}{2}, \frac{p+q}{2}+\lambda, 1+x\right), \\ \qquad x=\frac{r^2}{t^2}\end{array}\right.$$

(¹) Voir M. Goursat, Thèse.

on suppose toujours

$$\frac{p+q}{2}+\lambda+1>0, \qquad \lambda+p+q-2>0, \qquad \lambda+p>0. \qquad p-2>0;$$

$$\text{(II)} \qquad \left\{ \begin{aligned} V^2_p &= t^\lambda (1-x)^{\frac{q}{2}+\lambda} F\left(\frac{\lambda+2}{2}, \frac{\lambda+q}{2}, \frac{q+2}{2}+\lambda, 1-x\right) \\ &= t^\lambda \left[P(x)\log x + Q(x)\right] \qquad \left(x=\frac{r^2}{t^2}\right) \end{aligned} \right.$$

avec

$$\lambda+2>0, \qquad \lambda+q>0, \qquad 2\lambda+q-2>0;$$

$$P(x) = -\frac{\Gamma\left(\frac{2\lambda+q-2}{2}\right)}{\Gamma\left(\frac{\lambda+2}{2}\right)\Gamma\left(\frac{\lambda+q}{2}\right)} F\left(-\frac{\lambda}{2}, -\frac{\lambda+q-2}{2}, 1, x\right),$$

$$Q(x) = \frac{\Gamma\left(\frac{2\lambda+q-2}{2}\right)}{\Gamma\left(\frac{\lambda+2}{2}\right)\Gamma\left(\frac{\lambda+q}{2}\right)} F\left(-\frac{\lambda}{2}, -\frac{\lambda+q-2}{2}, 1, x\right) \times$$

$$\times \left[2\Gamma'(1) - \frac{\Gamma'\left(\frac{\lambda+2}{2}\right)}{\Gamma\left(\frac{\lambda+2}{2}\right)} - \frac{\Gamma'\left(\frac{\lambda+q}{2}\right)}{\Gamma\left(\frac{\lambda+q}{2}\right)}\right] -$$

$$-\frac{\Gamma\left(\frac{2\lambda+q-2}{2}\right)}{\Gamma\left(\frac{\lambda+2}{2}\right)\Gamma\left(\frac{\lambda+q}{2}\right)} F_1\left(-\frac{\lambda}{2}, -\frac{\lambda+q-2}{2}, 1, x\right).$$

**25. Solutions logarithmiques.** — La forme des solutions générales, lorsque les nombres $p$ et $q$ ne sont pas tous les deux impairs, suggère la recherche d'autres solutions étroitement liées aux solutions homogènes.

Considérons en premier lieu les solutions de la forme :

$$r^m t^n \left[f\left(\frac{r}{t}\right) + g\left(\frac{r}{t}\right)\log r + h\left(\frac{r}{t}\right)\log t\right].$$

En remplaçant dans l'équation (1) et en effectuant le changement de variables et de fonctions :

$$u=\frac{r}{t}, \qquad x=u^2;$$

$$x^{\frac{m}{2}} f(\sqrt{x}) = \varphi(x), \qquad x^{\frac{m}{2}} g(\sqrt{x}) = X(x), \qquad x^{\frac{m}{2}} h(\sqrt{x}) = \Psi(x),$$

on trouve, par un calcul qui ne présente aucune difficulté :

$$G\left(-\frac{\lambda}{2}, -\frac{\lambda+q-2}{2}, \frac{p}{2}, x\right)X = 0, \quad m+n=\lambda,$$

$$G\left(-\frac{\lambda}{2}, -\frac{\lambda+q-2}{2}, \frac{p}{2}, x\right)\Psi = 0,$$

$$G\left(-\frac{\lambda}{2}, -\frac{\lambda+q-2}{2}, \frac{p}{2}, x\right)\varphi +$$

$$+(p-2)X + 4x\frac{dX}{dx} - x\left[(q-2+2n-2m)\Psi + 4x\frac{d\Psi}{dx}\right] = 0.$$

Les fonctions X et $\Psi$ seront des intégrales de l'équation de Gauss ; $\varphi$ s'en déduira comme nous le verrons plus loin, dans l'étude de cette intégrale, à l'aide de deux quadratures.

Supposons que la fonction $g\left(\frac{r}{t}\right)$ et par suite $X(u)$ soit identiquement nulle et cherchons une solution particulière infinie pour $x = 0$ et nulle pour $x = 1$.

Nous prendrons pour $\Psi$ l'intégrale déjà mentionnée :

$$x^{\frac{2-p}{2}}(1-x)^{\frac{p+q}{2}+\lambda-1}F\left(\frac{\lambda+2}{2}, \frac{\lambda+q}{2}, \frac{p+q}{2}+\lambda, 1-x\right).$$

Nous devrons intégrer l'équation.

$$G\left(-\frac{\lambda}{2}, -\frac{\lambda+q-2}{2}, \frac{p}{2}, x\right)\varphi - x\left[(q-2)\Psi + 4x\frac{d\Psi}{dx}\right] = 0.$$

Comme solution particulière de l'équation sans second membre nous prendrons l'expression choisie pour $\Psi$. Nous emploierons la méthode de la variation des constantes arbitraires pour obtenir l'intégrale de l'équation avec second membre.

Si nous posons

$$\varphi = C\Psi,$$

C désignant une fonction arbitraire de $x$ et si nous substituons dans l'équation précédente, on a, en supposant $m = n$,

$$\frac{d^2C}{dx^2}x(1-x)\Psi + \frac{dC}{dx}\left[2\frac{d\Psi}{dx}x(1-x) + \Psi\left(\frac{p}{2} + \frac{2\lambda+q-4}{2}x\right)\right] =$$

$$= \left[\frac{(q-2)}{4}\Psi + x\frac{d\Psi}{dx}\right].$$

Nous obtenons une nouvelle équation avec second membre, mais du premier ordre en $\frac{dC}{dx}$. L'intégrale de l'équation sans second membre sera :

$$\frac{dC}{dx} = e^{-\int \frac{2\frac{d\Psi}{dx}x(1-x) + \Psi\left(\frac{p}{2} + \frac{2\lambda + q - 4}{2}x\right)}{x(1-x)\Psi} dx}.$$

En intégrant et désignant par $k$ une constante, il vient :

$$\frac{dC}{dx} = \frac{(1-x)^{\frac{p+q}{2}+\lambda-2} x^{-\frac{p}{2}}}{\Psi^2} k.$$

Faisons varier la constante $k$ et substituons l'expression précédente dans l'équation à intégrer, on a :

$$\frac{dk}{dx} \cdot \frac{(1-x)^{\frac{p+q}{2}+\lambda-1} x^{\frac{2-p}{2}}}{\Psi} = \frac{q-2}{4}\Psi + x\frac{d\Psi}{dx},$$

ou bien

$$\frac{dk}{dx} = \frac{\left[(q-2)\Psi^2 + 4x\Psi\frac{d\Psi}{dx}\right] x^{\frac{p-2}{2}}}{4(1-x)^{\frac{p+q}{2}+\lambda-1}};$$

et, par suite, en intégrant et remplaçant dans l'expression de $\frac{dC}{dx}$

$$\frac{dC}{dx} = \frac{(1-x)^{\frac{p+q}{2}+\lambda-2} x^{-\frac{p}{2}}}{\Psi^2} \int_\alpha^x \frac{(q-2)\Psi^2 + 4x\Psi\frac{d\Psi}{dx}}{4(1-x)^{\frac{p+q}{2}+\lambda-1}} x^{\frac{p-2}{2}} dx,$$

et finalement

$$\varphi = \Psi \int_\beta^x \frac{(1-x)^{\frac{p+q}{2}+\lambda-2}}{\Psi^2 x^{\frac{p}{2}}} \left\{ \int_\alpha^x \frac{(q-2)\Psi^2 + 4x\frac{d\Psi}{dx}\Psi}{4(1-x)^{\frac{p+q}{2}+\lambda-1}} x^{\frac{p-2}{2}} dx \right\} dx.$$

Etudions $\varphi$ au voisinage des points $x = 1$ et $x = 0$.

1° $x = 1$. Développons en série suivant les puissances de $(1 - x)$. On a :

$$\frac{\Psi x^{\frac{p-2}{2}}}{(1-x)^{\frac{p+q}{2}+\lambda-1}} = F\left(\frac{\lambda+2}{2}, \frac{\lambda+q}{2}, \frac{p+q}{2}+\lambda, 1-x\right).$$

L'expression

$$\int_\alpha^x \frac{(q-2)\Psi + 4x\dfrac{d\Psi}{dx}}{4}\,\mathrm{F}dx$$

se comportera au voisinage de $x = 1$ comme

$$(1-x)^{\frac{p+q}{2}+\lambda-2}.$$

Par suite, le coefficient différentiel dans $\int_\beta^x$ se comportera comme

$$\frac{(1-x)^{\frac{p+q}{2}+\lambda-2}(1-x)^{\frac{p+q}{2}+\lambda-1}}{\left[(1-x)^{\frac{p+q}{2}+\lambda-1}\right]^2} = \frac{1}{1-x}.$$

L'expression $\varphi$ se comportera finalement comme

$$(1-x)^{\frac{p+q}{2}+\lambda-1}\log(1-x)^m;$$

elle s'annulera pour $x = 1$.

2° Pour $x = 0$ on verrait de même que l'expression $\int_\alpha^x$ se comportera comme

$$x^{2-\frac{p}{2}}.$$

Le coefficient différentiel de $\int_\beta^x$ se comportera donc comme

$$\frac{x^{2-\frac{p}{2}}}{x^{2-p}x^{\frac{p}{2}}} = 1,$$

et, par suite, l'expression entière comme

$$x^{2-\frac{p}{2}}.$$

Examinons maintenant le cas où $p = 2$. Nous prendrons pour $\Psi$ la solution

$$(1-x)^{\frac{2\lambda+q}{2}}\,\mathrm{F}\left(\frac{\lambda+2}{2}, \frac{\lambda+q}{2}, \frac{2\lambda+q}{2}+1, 1-x\right).$$

La fonction $\varphi$ s'annulera encore au point $x = 1$.

Pour $x = 0$, $\Psi$ se comporte comme $\mathrm{P}(x) + \mathrm{Q}(x)\,\mathrm{L}(x)$ où $\mathrm{P}(x)$ et $\mathrm{Q}(x)$ ne deviennent pas infinies lorsque $x$ s'annule.

Quant au coefficient différentiel dans l'intégrale

$$\int_a^x \frac{(q-2)\Psi^2 + 4x\dfrac{d\Psi}{dx}\cdot\Psi}{4(1-x)^{\frac{p+q}{2}+\lambda-1}}\, x^{\frac{p-2}{2}}\, dx$$

il se comportera comme $(Lx)^2$. Après intégration, cette expression sera de l'ordre de $x\,(Lx)^2$.

Par suite le coefficient différentiel sous le signe $\int_\beta^x$ sera holomorphe pour $x = 0$.

Finalement l'on voit que pour $x = 0$ la fonction $\varphi$ se comportera comme $x\Psi(x)$, c'est-à-dire comme $xLx$. Quant aux constantes $\alpha$ et $\beta$ on prendra $\beta$ égales à zéro et l'on choisira $\alpha$ de façon à faire disparaître la constante qui s'introduit dans l'intégrale $\int_\alpha^x$

En résumé, nous avons les deux groupes d'intégrales particulières qui correspondent soit au cas où $p$ est différent de deux, soit au cas ou $p$ est égal à deux. Nous les désignerons par la notation $W_P$ ou $W^2_P$ pour rappeler le rôle particulier du nombre $p$

$$\text{(III)}\quad\left\{\begin{aligned}
&W_P = V_P \log t + V_P \,.\, C(x),\\
&C(x) = \int_0^x \frac{(1-x)^{\frac{p+q}{2}+\lambda-1}}{\Psi^2 x^{\frac{p}{2}}}\left\{\int^x \frac{(q-2)\Psi^2 + 4x\Psi\dfrac{d\Psi}{dx}}{4(1-x)^{\frac{p+q}{2}+\lambda-1}}\, x^{\frac{p-2}{2}}\, dx\right\} dx,\\
&\Psi(x) = x^{\frac{2-p}{2}}(1-x)^{\frac{p+q}{2}+\lambda-1}\, F\left(\frac{\lambda+2}{2}, \frac{\lambda+q}{2}, \frac{p+q}{2}+\lambda, 1-x\right),\\
&x = \frac{r^2}{t^2}, \qquad \frac{p+q}{2}+\lambda-1 > 0,\\
&\qquad p-2>0, \qquad p+\lambda>0, \qquad \lambda+p+q-2>0.
\end{aligned}\right.$$

$$\text{(IV)}\qquad W_P^2 = V_P^2 \log t + V_P^2\, C_2(x).$$

$C_2(x)$ s'obtient en faisant dans $C(x)$

$$\Psi(x) = (1-x)^{\frac{q}{2}+\lambda}\, F\left(\frac{\lambda+2}{2}, \frac{\lambda+q}{2}, \frac{q}{2}+\lambda+1, 1-x\right),$$

$$x = \frac{r^2}{t^2}, \qquad 2\lambda+q-2>0, \qquad \lambda+2>0, \qquad \lambda+q>0.$$

Lorsque les nombres $p$ et $q$ sont simultanément égaux à deux, la solution est particulièrement simple. On a, en effet, pour ce cas :

$$\text{(IV)}'\qquad V = \log(t)\log.\frac{r}{t} + \int_1^{\frac{2}{t}} \frac{du}{u}\log(1-u^2).$$

**26. Solutions particulières pour des valeurs de K différentes de zéro.** — Considérons maintenant le cas ou K n'est pas nul et cherchons des solutions de la forme

$$\varphi(r,t)\,f(r^2-t^2)=\varphi(r,t)\,f(v),\qquad v=r^2-t^2.$$

On a en substituant :

$$(16)\quad \left\{\begin{aligned} &\left(\frac{\partial^2\varphi}{\partial r^2}-\frac{\partial^2\varphi}{\partial t^2}+\frac{p-1}{r}\frac{\partial\varphi}{\partial r}-\frac{q-1}{t}\frac{\partial\varphi}{\partial t}\right)f\\ &\qquad -4\frac{df}{dv}\left(r\frac{\partial\varphi}{\partial r}+t\frac{\partial\varphi}{\partial t}\right)\\ &-\left[4v\frac{\partial^2 f}{\partial v^2}+2(p+q)\frac{df}{dv}-\mathrm{K}f\right]\varphi=0.\end{aligned}\right.$$

On satisfait à cette équation en prenant pour $\varphi$ une fonction homogène en $\frac{r}{t}$ et l'on peut, sans nuire à la généralité, la supposer de degré zéro. Les deux premiers termes sont alors nuls et il suffira de choisir $f$ de tellé sorte que

$$4v\frac{d^2f}{dv^2}+2(p+q)\frac{df}{dv}-\mathrm{K}f=0.$$

Cette équation s'intègre par les fonctions de Bessel ([1]) ; la solution générale est

$$(17)\quad f(v)=cv^{-\frac{p+q-2}{4}}\,\mathrm{J}_{\frac{p+q-2}{2}}(\sqrt{-\mathrm{K}v})+c'v^{-\frac{p+q-2}{4}}\,\mathrm{J}_{-\frac{p+q-2}{2}}(\sqrt{-\mathrm{K}v});$$

on devra remplacer $\mathrm{J}_{-\frac{p+q-2}{2}}$ par $\mathrm{Y}_{\frac{p+q-2}{2}}$ lorsque l'indice sera en entier négatif, c'est-à-dire lorsque $p$ et $q$ seront de même parité. On a, par définition,

$$\mathrm{J}_n(x)=\sum_{\mu=0}^{\infty}\frac{(-1)^{\mu}\left(\frac{x}{2}\right)^{n+2\mu}}{\Gamma(n+\mu+1)\,\Gamma(\mu+1)}.$$

Nous n'aurons pas à utiliser $\mathrm{Y}_n$. L'intégrale cherchée s'obtiendra en multipliant le résultat précédent par la fonction $\mathrm{F}\left(\frac{r^2}{t^2}\right)$, en désignant comme à l'ordinaire par $\mathrm{F}(x)$ une solution quelconque de l'équation de Gauss :

$$\mathrm{G}\left(1,\frac{q}{2},\frac{p+q}{2}-1,x\right)\mathrm{F}=0.$$

([1]) Jordan, *Cours d'analyse*, t. III, p. 238, 2e édition.

Cherchons maintenant des solutions de la forme $t^{\lambda}\,\Phi(r,\,t)$ où nous ferons ensuite

$$\Phi(r,\,t) = \varphi\left(\frac{r}{t}\right) f(r^2 - t^2).$$

On trouve pour $\Phi$ l'équation

$$(18)\qquad \frac{\partial^2\Phi}{\partial r^2} - \frac{\partial^2\Phi}{\partial t^2} + \frac{p-1}{r}\frac{\partial\Phi}{\partial r} - \frac{2\lambda+q-1}{t}\frac{\partial\Phi}{\partial t} + \left[K - \frac{\lambda(\lambda+q-2)}{t^2}\right]\Phi = 0$$

qui devient en remplaçant $\Phi$ par $\varphi(u)\,f(v)$, $\left(u = \frac{r}{t},\ v = r^2 - t^2\right)$

$$\left[\frac{\partial^2\varphi}{\partial r^2} - \frac{\partial^2\varphi}{\partial t^2} + \frac{p-1}{r}\frac{\partial\varphi}{\partial r} - \frac{2\lambda+q-1}{t}\frac{\partial\varphi}{\partial t} - \frac{\lambda(\lambda+q-2)}{t^2}\varphi\right] f + 4\frac{\partial f}{\partial u}\left(r\frac{\partial\varphi}{\partial r} + t\frac{\partial\varphi}{\partial t}\right)$$

$$-\left[4v\frac{d^2f}{dv^2} + 2(p+q+2\lambda)\frac{df}{dv} - Kf\right]\varphi = 0.$$

Nous prendrons pour $\varphi$ une solution homogène de degré zéro de façon à annuler $r\frac{\partial\varphi}{\partial r} + t\frac{\partial\varphi}{\partial t}$ et nous l'assujétirons à satisfaire à l'équation

$$\frac{\partial^2\varphi}{\partial r^2} - \frac{\partial^2\varphi}{\partial t^2} + \frac{p-1}{r}\frac{\partial\varphi}{\partial r} - \frac{2\lambda+q-1}{t}\frac{\partial\varphi}{\partial t} - \frac{\lambda(\lambda+q-2)}{t^2}\varphi = 0.$$

En posant, comme nous l'avons déjà fait,

$$x = u^2$$

on aura

$$G\left(-\frac{\lambda}{2},\ -\frac{\lambda+q-2}{2},\ \frac{p}{2},\ x\right)\varphi = 0$$

et l'on pourra prendre

$$\varphi = x^{\frac{2-p}{2}}(1-x)^{\frac{p+q}{2}+\lambda-1}\,F\left(\frac{\lambda+2}{2},\ \frac{\lambda+q}{2},\ \frac{p+q}{2}+\lambda,\ 1-x\right).$$

Quant à $f$ on choisira comme précédemment une intégrale de l'équation

$$4v\frac{d^2f}{dv^2} + 2(p+q+2\lambda)\frac{df}{dv} - Kf = 0.$$

Représentons par $f(v) = f(r^2 - t^2)$ l'intégrale holomorphe pour $v = 0$, on aura pour solution de l'équation

$$\Delta^{p,q}\, V + KV = 0$$

l'expression

$$t^{\lambda}\,\varphi(x)\,f(v) = r^{2-p}\,t^{\lambda+p-2}\left(1-\frac{r^2}{t^2}\right)^{\frac{p+q}{2}+\lambda-1}\Psi(r,t).$$

dont nous aurons à faire usage. Elle se comporte sur le cône (C) et sur la variété $\Upsilon = 0$ comme les fonctions étudiées au numéro 25.

Nous obtenons ainsi la dernière intégrale que nous utiliserons dans ce travail. Elle devient en remplaçant $\Psi$ par sa valeur :

$$\text{(V)} \qquad Z_P = V_P(\sqrt{-Kv})^{\frac{p+q}{2}+\lambda-1}\, J_{\frac{p+q}{2}+\lambda-1}(\sqrt{-Kv}),$$

$V_P$ désigne l'intégrale (I) du numéro 24, et l'on a comme d'ordinaire

$$x = \frac{r^2}{t^2}, \qquad v = r^2 - t^2\,;$$

$$\frac{p+q}{2} + \lambda - 1 > 0, \qquad p-2 > 0,\ p+\lambda > 0, \qquad \lambda + p + q - 2 \geqslant 0.$$

# CHAPITRE IV

## INTÉGRATION DES ÉQUATIONS LINEAIRES A COEFFICIENTS CONSTANTS DU SECOND ORDRE

### I. — Intégration de l'équation $\Delta^{pq}U = 0$

**27. Définitions. Extension de la formule de Green.** — Dans ce chapitre, comme dans celui qui précède, nous aurons constamment à distinguer les variables qui définissent la position d'un point dans un espace en deux catégories jouissant de propriétés absolument distinctes. Supposons que l'on ait à considérer $p$ variables de la première catégorie et $q$ de la seconde, nous sommes convenus de les désigner respectivement par les notations

$$(x_i),\ i = 1, 2, \ldots, p \qquad \text{et} \qquad (y_j),\ j = 1, 2, \ldots, q.$$

nous supprimerons même les indices chaque fois qu'il n'y aura pas d'ambiguité.

La distinction des variables en semblables catégories s'impose dans les questions de mathématiques appliquées. C'est ainsi qu'en mécanique on doit faire jouer un rôle spécial aux trois coordonnées espaces et à la coordonnée temps. En physique mathématique il y a même trois catégories à considérer ; les coordonnées espaces, la coordonnée temps et la coordonnée température. En multipliant le nombre des dimensions de chacune de ces coordonnées, les problèmes de la nature conduisent à des extensions analytiques curieuses.

Nous appellerons encore surface tout ensemble de points dont les coordonnées dépendent de $p + q - 1$ paramètres arbitraires. Une seule relation entre les coordonnées de ces points définira en général une semblable multiplicité.

Mais au point de vue des *variables réelles*, où nous nous plaçons exclusivement, il y aura exception chaque fois que la relation pourra se décomposer en une somme de carrés de mêmes signes. Considérons par exemple l'équation qui reviendra souvent

$$r^2 = 0, \text{ c. à. d, } \sum_{i=1}^{p} (x_i - x_i^0)^2 = 0 ;$$

elle équivaut évidemment à

$$x_i - x_i^0 = 0, \qquad (i = 1, 2 \ldots, p)$$

et par suite ne représente dans un espace $E_{p+q}$ $(x, y)$ qu'une variété à $q$ dimensions.

D'une manière générale, si la relation se décompose en $h$ carrés de mêmes signes, elle définira une variété à $p + q - h$ dimensions.

Comme dans l'espace à trois dimensions, une surface $f(x, y) = 0$ divisera l'espace en régions pour lesquelles $f(x, y)$ conservera un signe constant. Nous appellerons *domaine* toute variété à $p + q$ dimensions définies par un certain nombre d'inégalités de la forme

$$f_i(x, y) > 0, \qquad i = (1, 2, \ldots, h).$$

Un domaine sera borné par une *frontière* formée de la variété ponctuelle définie par les relations de la forme

$$f_1 > 0, \ldots, f_{h'-1} > 0, f_{h'+1} > 0, \ldots, f_h > 0;$$
$$f_{h'} = 0 \qquad (h' = 1, 2, \ldots, h).$$

Soient $M_1$ $(x^0, y^0)$ un point fixe et $M$ $(x, y)$ un point quelconque. Nous appellerons *distance* de ces deux points la racine carrée de l'expression

$$d^2 = \sum_{i=1}^{p} (x_i - x_i^0)^2 + \sum_{j=1}^{q} (y_j - y_j^0)^2.$$

Le domaine sera limité si cette expression reste finie pour tous les points du domaine. Nous appellerons *frontière fermée* la frontière complète d'un domaine fini.

Parmi les frontières fermées, il y en a qui sont les analogues de la sphère ou de l'ellipsoïde dans l'espace à trois dimensions. Appelons droite la variété définie par les $n$ relations

$$x_i = x_i^0 + a_i\rho, \qquad (i = 1, 2, \ldots, p),$$
$$y_j = y_j^0 + b_j\rho, \qquad (j = 1, 2, \ldots, q)$$

$(x^0, y^0)$ sont les coordonnées d'un point fixe, $\rho$ est un paramètre et $(a, b)$ sont des constantes appelés coefficients directeurs de la droite. Ces frontières jouiront de la propriété de n'être rencontrées par une droite qu'en deux points réels, distincts ou confondus.

Nous considérerons toujours dans la suite de semblables frontières et, pour simplifier les écritures, nous admettrons qu'elles sont définies par une seule relation $S(x, y) = 0$. C'est ce que nous entendrons par la désignation de *surface fermée*.

Soit $f(x, y) = 0$ l'équation d'une surface quelconque et considérons les expressions

$$\frac{\dfrac{\partial f}{\partial x_i}}{\pm\sqrt{\displaystyle\sum_{i=1}^{p}\left(\frac{\partial f}{\partial x_i}\right)^2 + \sum_{j=1}^{q}\left(\frac{\partial f}{\partial y_j}\right)^2}}, \qquad \frac{\dfrac{\partial f}{\partial y_j}}{\pm\sqrt{\displaystyle\sum_{i=1}^{p}\left(\frac{\partial f}{\partial x_i}\right)^2 + \sum_{j=1}^{q}\left(\frac{\partial f}{\partial y_j}\right)^2}},$$

comme les cosinus directeurs d'une droite attachée au point $(x, y)$ de la surface.

Si l'on prend le même signe devant chacun des radicaux on obtiendra la *normale*. Supposons que $f(x, y)$ fasse partie de la frontière d'un domaine, nous conviendrons de choisir le signe de telle sorte que la direction soit intérieure au domaine. Nous représenterons par $\left(\frac{\partial x_h}{\partial n}, \frac{\partial y_h}{\partial n}\right)$ les cosinus directeurs ainsi définis.

Associons maintenant les signes contraires et considérons en particulier la direction dont les cosinus sont donnés par

$$(1)\qquad \left\{\begin{aligned} \frac{\partial x_i}{\partial \nu} &= \frac{\partial x_i}{\partial n}, \\ \frac{\partial y_h}{\partial \nu} &= -\frac{\partial y_h}{\partial n}. \end{aligned}\right.$$

nous conviendrons de l'appeler *conormale*. Elle jouit des propriétés reconnues à cette direction au numéro 13. Nous appellerons *dérivée conormale* l'expression

$$(2)\qquad \frac{\partial H}{\partial \nu} = \sum_{i=1}^{p} \frac{\partial H}{\partial x_i}\frac{\partial x_i}{\partial \nu} + \sum_{j=1}^{q} \frac{\partial H}{\partial y}\frac{\partial y_j}{\partial \nu} = \sum_{i=1}^{p} \frac{\partial H}{\partial x_i}\frac{\partial x_i}{\partial n} - \sum_{j=1}^{q} \frac{\partial H}{\partial y_j}\frac{\partial y_j}{\partial n}.$$

Nous pouvons maintenant étendre la formule de Green. Désignons par D un domaine fini à $p + q$ dimensions limité par la frontière F. Soient $d\tau_{p+q}$ l'élément infinitésimal de D, $d\sigma_{p+q-1}$ l'élément de frontière et représentons par U et V deux fonctions intégrables ainsi que leurs dérivées premières et secondes dans le domaine D et sur sa frontière. En intégrant par partie comme au numéro 13 et en faisant usage des notations définies, on aura

$$(I)\qquad \left\{\begin{aligned} &\int_{(D)} (V\Delta^{pq}U - U\Delta^{pq}V)\, d\tau_{p+q} + \int_{F} \left(V\frac{\partial U}{\partial \nu} - U\frac{\partial V}{\partial \nu}\right) d\sigma_{p+q-1} = 0 \\ &\qquad\left(\Delta^{p,q}U = \sum_{i=1}^{p} \frac{\partial^2 U}{\partial x^2_i} - \sum_{j=1}^{q} \frac{\partial^2 U}{\partial y^2_j}\right). \end{aligned}\right.$$

Supposons que U soit une intégrale de l'équation

$$\Delta^{pq}U = H(x, y)$$

où $H(x, y)$ désigne une fonction connue et intégrable, et prenons pour V une intégrale particulière de l'équation $\Delta^{pq} V = 0$, on aura

$$(I)'\qquad \int_{D} VH(x, y)\, d\tau_{p+q} + \int_{F} \left(V\frac{\partial U}{\partial \nu} - U\frac{\partial V}{\partial \nu}\right) d\sigma_{p+q-1} = 0.$$

L'intégrale de domaine disparaît complètement si U est elle-même une intégrale de $\Delta^{pq}U = 0$ et l'on a simplement

$$(I)'' \qquad \int_F \left( V \frac{\partial U}{\partial \nu} - U \frac{\partial V}{\partial \nu} \right) d\sigma_{p+q-1} = 0.$$

**28. Le Problème de Riemann-Volterra.** — Nous nous proposons d'appliquer les formules précédentes à la résolution du problème suivant :

*On se donne sur une surface fermée* $S(x, y) = 0$ *les valeurs* U *et* $\frac{\partial U}{\partial \nu}$ *prises par une fonction et sa dérivée conormale. Trouver, pour tout point intérieur à la surface, la valeur d'une intégrale de l'équation* $\Delta^{pq}U = 0$ *définie par ces conditions.*

Pour cela nous allons appliquer la formule $(I)''$ à des domaines particuliers qu'il nous reste encore à définir.

Soit $0\,(x^0, y^0)$ un point intérieur au domaine D limité par la surface fermée S. Menons la variété conique définie par l'équation

$$(C) \qquad r^2 - t^2 = 0 \qquad r^2 = \sum_{i=1}^{p} (x_i - x_i^0)^2,\ t^2 = \sum_{j=1}^{q} (y_j - y_j^0)^2\,;$$

c'est la surface à point singulier. Si aucun des nombres $p$ ou $q$ n'est égal à un, elle détermine dans l'espace deux régions linéairement connexes (numéro 10). L'une contient la variété $r = 0$, nous la désignerons par (P) ; l'autre contient la variété $t = 0$, et nous la représenterons par (Q).

La région (P) forme un domaine défini par les inégalités

$$(P) \qquad S(x, y) > 0, \qquad r^2 - t^2 < 0\,;$$

sa frontière $(F_p)$ est formée de deux parties

$$(F_p) \qquad \begin{aligned} S(x, y) = 0, &\qquad r^2 - t^2 < 0\,; \\ r^2 - t^2 = 0, &\qquad S(x, y) > 0. \end{aligned}$$

De même le domaine (Q) sera donné par les inégalités

$$(Q) \qquad S(x, y) > 0, \qquad r^2 - t^2 > 0$$

et sa frontière par

$$(F_q) \qquad \begin{cases} S(x, y) = 0, & r^2 - t^2 > 0\,; \\ r^2 - t^2 = 0, & S(x, y) > 0. \end{cases}$$

Dans le plan $Ort$, menons la première bissectrice OC et une ligne telle que ACB rencontrant les parties positives des axes en A et B. Les triangles mixtilignes OCA et OCB figureront les régions (P) et (Q) ; les lignes OC, CA et CB représenteront les frontières.

Si l'on avait, par exemple $q = 1$, la région (P) se dédoublerait et devrait être remplacée par deux autres figurées par les triangles OCA et OC'A' ; la région (Q) serait figurée par l'aire COC'.

Nous pouvons appliquer la formule (I)' à l'une ou l'autre des régions obtenues. Le

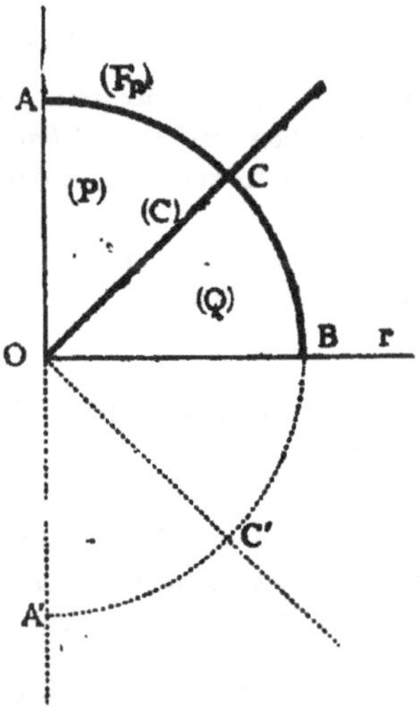


Fig. 4

problème est donc double. Il se complique encore par la parité des nombres $p$ et $q$. Quatre cas sont à considérer :

1° $p$ impair et $q$ impair,
2° $p$ impair et $q$ pair,
3° $p$ pair et $q$ impair,
4° $p$ pair et $q$ pair.

Comme la marche générale reste la même, il nous suffira d'approfondir l'un des cas, le premier par exemple dont les solutions s'expriment le plus simplement. De plus, pour éviter toute difficulté secondaire, nous supposerons qu'aucun des nombres $p$ ou $q$ n'est égal à deux, sauf à nous débarrasser de cette restriction.

Nous ne reviendrons point sur le cas où l'un des nombres $p$ ou $q$ serait égal à un, la question ayant été résolue par MM. Volterra et Tedone (1).

(1) Voir les mémoires cités dans l'*Introduction*.

**29. Application de la formule (I)' à la région (P).** — Prenons comme valeur particulière de V l'intégrale (I) du numéro 24

$$V_P = r^{2-p}\, t^{\lambda+p-2}\, (1-x)^{\frac{p+q}{2}+\lambda-1}\, F\left(\frac{\lambda+2}{2}, \frac{\lambda+q}{2}, \frac{p+q}{2}+\lambda, 1-x\right)$$

$$x = \frac{r^2}{t^2}, \qquad \frac{p+q}{2}+\lambda-1 > 0;$$

$$p-2>0, \qquad p+\lambda>0, \qquad \lambda+p+q-2>0.$$

Cette fonction satisfait à l'équation $\Delta^{p,q}\, V = 0$ ; elle s'annule sur le cône (C) c'est-à-dire pour $x = 1$ mais devient infinie sur la variété à $q$ dimensions $r = 0$. Soit R cette variété, nous l'isolerons par le cylindre

(R) $$r - \varepsilon = 0.$$

Désignons par $(\overline{F_p})$, $(\overline{C})$ ce qu'il reste des frontières $(F_p)$ et (C) quand on enlève les points intérieurs au cylindre (R).

Appliquons maintenant la formule (I)' en prenant comme domaine la région (P) d'où l'on a enlevé les points intérieurs au cylindre, on aura

(3) $$\int_{(\overline{F_p})+(\overline{C})+(R)} \left(V_P \frac{\partial U}{\partial \nu} - U \frac{\partial V_P}{\partial \nu}\right) d\sigma_{p+q-1} = 0.$$

Etudions successivement les valeurs de chacune des trois intégrales lorsque le rayon de (R) tend vers zéro.

L'intégrale étendue à $(\overline{C})$ est identiquement nulle. En effet, $V_P$ s'annule sur C. D'autre par la dérivée conormale $\frac{\partial V_P}{\partial \nu}$ est équivalente à la dérivée suivant une génératrice du cône (C) et par suite est aussi nulle, puisque $V_P$ est constamment nulle sur cette surface.

Sur la frontière $(F_p)$, la fonction $V_P$ est discontinue en tous les points de la variété

$$r = 0, \qquad S(x, y) = 0.$$

Cette variété est à $q-1$ dimensions, car $r = 0$ équivaut à $p$ relations ; dans le champ $(\overline{F_p})$, elle se trouve isolée par la variété

$$r - \varepsilon = 0, \qquad S(x, y) = 0.$$

Nous aurons démontré que l'intégrale étendue à $(\overline{F_p})$ tend vers une limite bien déterminée, si nous montrons que l'intégrale étendue à la variété définie par les relations

$$r^2 - t^2 < 0, \qquad r - \varepsilon \leqslant 0, \qquad S(x, y) = 0,$$

tend vers zéro avec $\varepsilon$. Or cela résulte de ce que l'intégrale

$$\int d\sigma_{p+q-1}$$

étendue à cette variété est de l'ordre de $\varepsilon^p$, tandis que les fonctions $V_p$ et $\frac{\partial V_p}{\partial \nu}$ sont au plus de l'ordre $\varepsilon^{p-1}$ quand $\varepsilon$ tend vers zéro, comme nous le montrerons. Par suite on aura

$$\lim. \int_{(\Gamma_r)} = \int_{(\Gamma_p)} \qquad \text{pour } \lim. \varepsilon = 0.$$

Il reste l'intégrale étendue à (R). Sur cette surface, l'élément infinitésimal peut se mettre sous la forme

$$d\sigma_{p+q-1} = r^{p-1}\, d\omega_{p-1}\, d\tau_q,$$

en représentant par $d\omega_{p-1}$ l'élément infinitésimal de la sphère de rayon un dans l'espace à $p$ dimension et par $d\tau_q$ l'élément infinitésimal de l'espace $E_q$ $(y_1, y_2, \ldots, y_q)$.

Calculons $\frac{\partial V_p}{\partial \nu}$ on a sur le cylindre

$$\frac{\partial y}{\partial \nu} = -\frac{\partial y}{\partial n} = 0, \qquad \frac{\partial x}{\partial \nu} = \frac{\partial x}{\partial n} = \frac{\partial x}{\partial r},$$

et par suite

$$\frac{\partial V_p}{\partial \nu} = \sum_{i=1}^{p} \frac{\partial V_p}{\partial x_i}\frac{\partial x_i}{\partial r} = \frac{\partial V_p}{\partial r}.$$

Substituons dans l'intégrale étendue à (R), on devra trouver la limite de

$$\int_{(R)} \left[\left(r^{p-1} V_p\right)\frac{\partial U}{\partial \nu} - \left(r^{p-1}\frac{\partial V_p}{\partial r}\right) U\right] d\omega_{p-1}\, d\tau_q$$

lorsque $r$ tend vers zéro. Formons $\frac{\partial V_p}{\partial r}$ ; on aura

$$\frac{\partial V_p}{\partial \nu} = (2-p)\, r^{1-p}\, t^{\lambda+p-2}\, (1-x)^{\frac{p+q}{2}+\lambda-1}\, F\left(\frac{\lambda+2}{2}, \frac{\lambda+q}{2}, \frac{p+q}{2}+\lambda, 1-x\right)$$
$$+ 2\left[(1-x)\frac{dF}{dx} - \left(\frac{p+q}{2}+\lambda-1\right)F\right] r^{3-p}\, t^{\lambda+p-4}\, (1-x)^{\frac{p+q}{2}+\lambda-2}.$$

De cette expression et de la valeur de $V_P$ il résulte que l'on aura :

$$\lim. r^{p-1} V_P = 0,$$

$$\lim. r^{p-1} \frac{\partial V_P}{\partial r} = (2-p) F\left(\frac{\lambda+2}{2}, \frac{\lambda+q}{2}, \frac{p+q}{2}+\lambda, 1\right) t^{\lambda+p-2},$$

pour $\lim. r = 0$.

Désignons par $\Omega_p$ la surface de la sphère de rayon un, c'est-à-dire la valeur de l'intégrale étendue à cette sphère

$$\Omega_p = \int d\omega_{p-1} = 2 \frac{\pi^{\frac{p}{2}}}{\Gamma\left(\frac{p}{2}\right)},$$

la limite cherchée sera

$$-\Omega_p (2-p) F\left(\frac{\lambda+2}{2}, \frac{\lambda+p}{2}, \frac{p+q}{2}+\lambda, 1\right) \int_R t^{\lambda+p-2} U(x^0, y)\, d\tau_q.$$

On a donc finalement, en posant

$$R_0 = \Omega_p (2-p) F\left(\frac{\lambda+2}{2}, \frac{\lambda+q}{2}, \frac{p+q}{2}+\lambda, 1\right),$$

(3) $$R_0 \int_R t^{\lambda+p-2} U(x^0, y)\, d\tau_q = \int_{(F_p)} \left(V_P \frac{\partial U}{\partial \nu} - U \frac{\partial V_P}{\partial \nu}\right) d\sigma_{p+q-1}.$$

**30. Procédé d'inversion.** — La formule à laquelle nous venons de parvenir est l'analogue de la formule (3) du Chapitre II. Nous sommes conduits de même à effectuer l'inversion de cette intégrale. Indépendamment de la méthode que nous avons généralisée en recourant, d'après M. Leroux, à la féconde méthode des approximations successives de M. Picard, M. Volterra s'est servi, pour obtenir la fonction dans la région extérieure au cône, d'une méthode toute différente. Mais ni l'une ni l'autre ne s'appliquent ici et le problème apparaît comme très différent.

Le procédé que nous allons faire connaître résulte des propriétés d'une relation célèbre due à Poisson. Malgré les importantes recherches dont elle a fait l'objet spécialement de la part de M. Leo Kœnigsberger [1], il ne semble point qu'on l'ait appliquée d'une façon systématique à des problèmes d'inversion comme ceux que nous allons résoudre maintenant. Le succès de cette méthode repose sur les remarques très simples qui vont suivre.

Désignons par $h(y)$ une fonction des variables $(y_1, y_2, \ldots, y_q)$ et par $H(y^0)$ une

[1] *Sitzungsberichte der Kœniglich Preussichen Akademie der Wissenschaften zu Berlin*, p. 5-18 et p. 93,-101 ; 1898.

autre fonction de ces mêmes variables. Si $D_q$ désigne un domaine à $q$ dimensions dans l'espace $E_q(y)$, nous supposerons que l'on a

$$(4) \qquad H(y^0) = \int_{D_q} \frac{h(y)}{t^{q-2}} d\tau_q, \qquad t = \left[ \sum_{j=1}^{q} (y_j - y^0_j)^2 \right]^{\frac{1}{2}}.$$

Soit $\nabla_q f$ le symbole de Laplace étendu à un espace à $q$ dimensions relatif aux variables $(y^0)$ :

$$\nabla_q f = \frac{\partial^2 f}{\partial y_1^{02}} + \frac{\partial^2 f}{\partial y_2^{02}} + \dots + \frac{\partial^2 f}{\partial y_q^{02}}.$$

On sait que, dans le cas de trois variables (¹), si l'on applique le symbole correspondant aux deux membres de la relation

$$H(y^0_1, y^0_2, y^0_3) = \int_{D_3} \frac{h(y_1, y_2, y_3)\, d\tau_3}{\sqrt{(y_1 - y^0_1)^2 + (y_2 - y^0_2)^2 + (y_3 - y^0_3)^2}},$$

on a

$$\nabla_3 H(y^0) = -4\pi h(y^0),$$

si le point $(y^0_1, y^0_2, y^0_3)$ est intérieur au domaine ; on aurait au contraire $\nabla_3 H = 0$, si le point était extérieur.

Il n'y a presque rien à changer à la démonstration analytique de ces résultats pour prouver que le symbole $\nabla_q$ appliqué aux deux membres de (4) donne les relations généralisées

$$(5) \qquad \nabla_q H(y^0) = -(q-2)\,\Omega_q h(y^0), \qquad \Omega_q = 2\frac{\pi^{\frac{q}{2}}}{\Gamma\left(\frac{q}{2}\right)},$$

ou

$$\Delta_q H(y^0) = 0,$$

suivant que le point $(y^0)$ est intérieur ou extérieur au domaine $D_q$.

Ce point établi, appliquons le symbole $\nabla_q$ à la fonction

$$t^m, \quad \left( t = \sqrt{\sum_{j=1}^{q} (y_j - y_j^0)^2} \right);$$

on trouve par un calcul aisé

$$\nabla_q t^m = m(m+q-2)\, t^{m-2}$$

(¹) Voir la démonstration donnée par M. Picard, *Traité d'Analyse*, t. I, par 168, 1re édition.

Représentons par $\nabla_q^{\mu}$ le symbole $\nabla_q$ appliqué $\mu$ fois, on trouvera

$$\nabla_q^{\mu}\, t^m = m(m-2)\ldots(m-2\mu+2)(q-2+m)(q-2+m-2)\ldots$$
$$\times(q-2+m-2\mu+2)\, t^{m-2\mu}.$$

En particulier si l'on peut disposer de $m$ de telle sorte que

$$m-2\mu=2-q,\qquad \mu=\frac{m+q-2}{2},$$

on aura

$$\nabla_q^{\frac{m+q-2}{2}}\, t^m = \mathrm{A}(m)\, t^{2-q},$$

(6) $\mathrm{A}(m)=m(m-2)\ldots(4-q),(q-2+m)(q-2+m-2)\ldots 4.\,2.$

Mais, pourqu'il en soit ainsi, deux conditions doivent être remplies. Tout d'abord $m$ ne doit pas être un entier pair et positif, car alors l'application répétée du symbole $\nabla_q$ conduit à la valeur zéro. On a en effet.

$$\nabla_q^{n}\, t^{2n} = \text{const.}$$

et par suite tout autre dérivation conduira à une valeur nulle. En second lieu il faut que

$$\mu=\frac{m+q-2}{2}$$

soit un nombre entier positif. Cela exige que $m+q-2$ soit un nombre positif pair.

Tenons compte de ces remarques fondamentales et rapprochons les équations (3) et (4), nous serons conduits à appliquer aux deux membres de (3) le symbole $\nabla_q^{\mu}$ et à voir si l'on peut ramener cette identité à la forme (4). S'il en est ainsi, le problème sera résolu par une nouvelle application du symbole $\nabla_q$.

L'intégrale qui figure au premier membre de (3) est étendue à la variété R définie par les relations

$$r=0,\qquad \mathrm{S}(x,y)>0$$

c'est-à-dire par

$$x_i-x_i^0=0\qquad (i=1,2,\ldots,p),\qquad \mathrm{S}(x,y)>0.$$

La position de ce champ d'intégration est indépendante de $(y_i^0)$ ; nous pourrons différentier sous signe $\int$ par rapport à ces quantités considérées comme des paramètres variables.

Il n'en est pas de même, en général, du second membre, car la frontière $(\mathrm{F}_\mu)$ dépend de toutes les coordonnées du point O $(x^0, y^0)$.

Appliquons donc le symbole $\nabla_q{}^{\mu}$ au coefficient différentiel du premier membre de (3). Le facteur $t^{\lambda+p-2}$ est le seul qui dépende de $(y^0)$. Posons

$$m = \lambda + p - 2,$$

on sera ramené à la forme (4), si l'on peut trouver le nombre $\mu$ tel que l'on ait

$$\mu = \frac{m+q-2}{2} = \frac{\lambda+p+q-4}{2}$$

*Nous supposons p et q tous les deux impairs.* Dans ces conditions il faudra prendre pour $\lambda$ un nombre *pair* tel que

$$\lambda + p + q - 4 > 0.$$

D'ailleurs, dans ce cas, $m = \lambda + p - 2$ sera un nombre impair. Les deux conditions exigées par l'inversion seront donc remplies. Si en outre les conditions relatives à $V_P$ sont aussi remplies pour la valeur choisie de $\lambda$, ce qu'il est évidemment possible de supposer d'une infinité de manières, on aura

$$R_0 A(\lambda + p - 2)\int_R \frac{U(x_0, y)}{t^{q-2}}\, d\tau_q = \nabla_q^{\frac{\lambda+p+q-4}{2}} \int_{(F_p)} \left(V_P \frac{\partial U}{\partial \nu} - U \frac{\partial V_P}{\partial \nu}\right) d\sigma_{p+q-1}.$$

Appliquons encore une fois le symbole $\nabla_q$ et tenons compte de (5), on aura finalement

$$\text{(A)} \qquad P_0, U(x_0, y_0) = \nabla_q^{\frac{\lambda+p+q-2}{2}} \int_{(F_p)} \left(V_P \frac{\partial U}{\partial \nu} - U \frac{\partial V_P}{\partial \nu}\right) d\tau_{p+q-1},$$

$$P_0 = (p-2)(q-2)\, A(\lambda + p - 2)\, \Omega_p \Omega_q\, F\left(\frac{\lambda+2}{2}, \frac{\lambda+q}{2}, \frac{p+q}{2} + \lambda, 1.\right)$$

Le nombre $\lambda$ est *pair* et satisfait aux conditions

$$\frac{p+q}{2} + \lambda - 1 > 0, \qquad \lambda + p + q - 2 > 0, \qquad p + \lambda > 0.$$

Tout ce que nous venons de dire sur la région (P) s'applique *mutatis mutandis* à la région (Q).

Nous ferons choix de la solution particulière

$$V_Q = t^{2-p}\, r^{\lambda+q-2}\left(1 - \frac{t^2}{r^2}\right)^{\frac{p+q}{2}+\lambda-1} F\left(\frac{\lambda+2}{2}, \frac{\lambda+p}{2}, \frac{p+q}{2} + \lambda, 1 - \frac{t^2}{r^2}\right).$$

Nous isolerons la variété

$$\text{T} \qquad t = 0, \qquad S(x, y) > 0$$

par le cylindre

$$(\text{T}) \qquad t - \eta = 0$$

et l'on aura la relation

$$\int_{(\overline{F}_q)+(\overline{T})+(\overline{C})} \left( V_Q \frac{\partial U}{\partial \nu} - U \frac{\partial V_Q}{\partial \nu} \right) d\sigma_{p+q-1} = 0.$$

Le passage à la limite, lorsque $\eta$ tend vers zéro, donnera

$$T_0 \int_T r^{\lambda+q-2} U(x, y^0)\, d\tau_p = \int_{(F_q)} \left( V_Q \frac{\partial U}{\partial \nu} - U \frac{\partial V_Q}{\partial \nu} \right) d\sigma_{p+q-1}.$$

$$T_0 = \Omega_q (2-q) F \left( \frac{\lambda+2}{2}, \frac{\lambda+p}{2}, \frac{p+q}{2} + \lambda, 1 \right).$$

Désignons par $\nabla_p f$ le symbole

$$\frac{\partial^2 f}{\partial x_1^{0 2}} + \frac{\partial^2 f}{\partial x_2^{0 2}} + \ldots + \frac{\partial^2 f}{\partial x_p^{0 2}}$$

et par $\nabla_p{}^\mu$ ce symbole répété $\mu$ fois. Les raisonnements que nous avons faits sur $\nabla_q$ s'appliquent sans modification, à condition de changer $(y^0)$ en $(x^0)$, et l'on aura la deuxième formule :

$$(\text{B}) \qquad Q_0 U(x_0, y_0) = \nabla_p^{\frac{\lambda+p+q-2}{2}} \int_{(F_q)} \left( V_Q \frac{\partial U}{\partial \nu} - U \frac{\partial V_Q}{\partial \nu} \right) d\sigma_{p+q-1}$$

$$Q_0 = -T_0 (p-2) B(\lambda+q-2) \Omega_p$$

$$= (p-2)(q-2) B(\lambda+q-2) \Omega_p \Omega_q F \left( \frac{\lambda+2}{2}, \frac{\lambda+p}{2}, \frac{p+q}{2} + \lambda, 1 \right)$$

$$B(m) = m(m-2) \ldots (4-p)(p-2+m)(p-2+m-2) \ldots 4.\,2.$$

Le nombre $\lambda$ devra être *pair* et satisfaire aux conditions suivantes

$$\frac{p+q}{2} + \lambda - 1 > 0, \qquad \lambda + p + q - 2 > 0, \qquad q + \lambda > 0.$$

**31. Résolution d'un problème d'inversion.** — L'inversion de l'intégrale (3) par l'emploi du symbole $\nabla$ nous suggère le problème suivant.

*On donne la relation*

$$(7) \qquad \int_R G(t)\, h(y)\, d\tau_q = H(y^0), \qquad t = \sqrt{\sum_{j=1}^{q} (y_j - y_j^0)^2}$$

*dans laquelle le premier membre représente une intégrale étendue à un domaine à* q *dimensions indépendant des variables* $(y^0)$, G *et* H *des fonctions déterminées et* $h$ *une fonction inconnue, qu'il s'agit d'obtenir par inversion. Trouver toutes les formes de la fonction* $G(t)$ *qui permettront d'effectuer l'inversion par l'application d'un nombre fini de symboles* $\nabla_q$.

Si l'on interprète $h(y)$ comme une densité, $G(t)$ comme une loi d'attraction newtonienne dans l'espace à $q$ dimensions, $H(y^0)$ sera le potentiel en $(y^0)$ provenant de l'action des masses du domaine R. L'inversion de l'intégrale revient donc à trouver la distribution des masses quand on connaît la loi d'attraction et la valeur du potentiel en chaque point.

Il est tout d'abord facile de voir que ce problème n'est pas toujours possible, si l'on se donne arbitrairement la loi d'attraction et le potentiel. Dans le cas de $q = 3$, par exemple, la formule de Poisson résout le problème lorsque $G(t) = \frac{1}{t}$. Mais si l'on a $G(t) = P(t^2)$, P désignant un polynôme, le problème est impossible ou indéterminé. Considérons, par exemple, le cas où

$$G(t) = t^2 = (y_1 - y_1^0)^2 + (y_2 - y_2^0)^2 + (y_3 - y_3^0)^2$$

et soit

$$\int_R \left[(y_1 - y_1^0)^2 + (y_2 - y_2^0)^2 + (y_3 - y_3^0)^2\right] h(y_1, y_2, y_3)\, d\tau_3 = H(y_1^0, y_2^0, y_3^0).$$

Le premier membre peut se mettre sous la forme

$$\sum A_i\, y_i^{02} + \sum B_i\, y_i^0 + C$$

en posant

$$A_i = \int_R h(y_1, y_2, y_3)\, d\tau_3, \qquad B_i = -2\int_R y_i\, h(y_1, y_2, y_3)\, d\tau_3, \ldots$$

Si $H(y^0_1, y^0_2, y^0_3)$ n'est pas de cette forme, le problème sera impossible. Dans le cas contraire, il sera indéterminé, car on pourra toujours disposer d'une infinité de façons de la fonction $h$ pour satisfaire à ces équations. Le même raisonnement s'applique évidemment à tout polynôme P $(t^2)$. Dans ce cas si l'on applique le symbole de Poisson un nombre suffisant de fois, on sera conduit à une identité de la forme

$$\nabla^n H(y^0) = 0$$

à laquelle H $(y^0)$ devra satisfaire. Mais cette identité est une conséquence de celles que l'on obtient en dérivant les deux membres un nombre suffisant de fois par rapport à chacune des variables $y^0$.

Ainsi pour le cas de G $(t^2) = t^2$, on devra avoir

$$\frac{\partial^3 H(y_i^0)}{\partial y_i^{0\,3}} = 0, \qquad \frac{\partial^3 H(y_i^0)}{\partial y_i^0\, \partial y_j^0} = 0$$

$$(i, j = 1, 2, \ldots, q).$$

Supposons donc que le problème soit possible. On pourra alors trouver un nombre $\mu$ tel que l'on ait, en désignant par $B_0$ une constante,

$$\nabla_q^\mu\, G(t) = \frac{B_0}{t^{q-2}}.$$

Il revient au même de dire que l'on pourra trouver un entier $\mu$ tel que la fonction G $(t)$ satisfasse à l'équation différentielle

$$\nabla_q^\mu\, G(t) = 0.$$

Effectuons l'opération indiquée, le résultat sera de la forme suivante, où les B sont des constantes,

$$t^{2\mu}\, G^{(2\mu)} + B_1\, t^{2\mu-1}\, G^{(2\mu-1)} + \ldots + B_{2\mu-1}\, tG' = 0.$$

Nous sommes ramenés à intégrer cette équation en supposant les nombres $q$ et $\mu$ arbitraires mais entiers et positifs.

Les solutions particulières sont de la forme

$$G = t^\alpha \left[C_0 + C_1 (\log t) + C_2 (\log t)^2 + \ldots + C_k (\log t)^k\right]$$

où $\alpha$ est une racine multiple d'ordre $k+1$ de l'équation déterminante. Sans résoudre directement cette dernière équation, on peut obtenir un nombre suffisant de solutions indépendantes.

Substituons $t^\alpha$. On a vu que l'on avait

$$\nabla_q^\mu\, t^\alpha = \alpha(\alpha-2)\ldots(\alpha-2\mu+2)(\alpha+q-2)(\alpha+q-4)\ldots(\alpha+q-2\mu)\,t^{\alpha-2\mu}.$$

Le second membre s'annule pour les deux séries de valeurs

$$\alpha = (0, 2, 4, \ldots, 2\mu - 2),$$
$$\alpha = (2 - p, 4 - p, \ldots, 2\mu - q).$$

Chacune de ces deux suites donne $\mu$ valeurs de $\alpha$; mais ces valeurs ne seront pas toujours différentes.

1° *q impair*. Les nombres de la première suite sont pairs, ceux de la seconde impairs. Toutes les valeurs sont distinctes et il leur correspondra $2\mu$ solutions évidemment indépendantes. On aura par suite pour intégrale générale

$$G(t) = a_0 + a_1 t^2 + \ldots + a_{\mu-1} t^{2(\mu-1)} + b_0 t^{2-q} + b_1 t^{4-q} + \ldots + b_{\mu-1} t^{2\mu-q};$$

ou bien encore

$$G(t) = A_{\mu-1}(t^2) + t^{2-q} B_{\mu-1}(t^2), \tag{8}$$

$A_{\mu-1}$ et $B_{\mu-1}$ sont des polynômes en $t^2$ dont les degrés sont marqués par les indices.

2° *q pair*. Ce cas se partage en deux autres.

*a*) $$2\mu - q < 0 \quad \text{ou} \quad \mu < \frac{q}{2}.$$

Les nombres de la première suite sont positifs, ceux de la seconde négatifs et par suite on aura encore $2\mu$ solutions distinctes. L'intégrale générale aura la même forme.

*b*) $$2\mu - q > 0, \qquad \mu > \frac{q}{2}.$$

Soit $2\mu - q = 2\lambda$. Les deux suites

$$0, 2, 4, \ldots, \quad 2\lambda, \ldots, 2\mu - 1;$$
$$2 - q, 4 - q, \ldots, \quad -2, 0, 2, \ldots, 2\lambda$$

ont $(\lambda + 1)$ valeurs communes. Pour trouver d'autres solutions nous substituerons. $t^\alpha \log t$ et nous représenterons par $a$, $b$ des constantes ; il vient

$$\nabla^k_q t^\alpha \log t = a_0 t^{\alpha - 2k} \log t + b_0 t^{\alpha - 2k}.$$

Si $\alpha = 2k$,

$$\Delta^{k+1}_q t^\alpha \log t = \frac{a_0 (q-2)}{t}$$

et par suite

$$\nabla^{k+h}_q t^\alpha \log t = a_h t^{-2h}.$$

Si l'on a $-2h = 2 - q$, une nouvelle opération $\nabla_q$ donnera zéro. On devra donc prendre

$$h = \frac{q-2}{2}, \qquad k + h + 1 \leqslant \mu$$

ce qui donne

$$k \leqslant \mu - \frac{q}{2} \qquad \text{ou} \qquad k \leqslant \lambda.$$

On obtiendra donc de cette façon $(\lambda + 1)$ solutions logarithmiques correspondant aux valeurs $0, 1, 2, \ldots, \lambda$ de $k$.

L'intégrale générale sera, avec les notations déjà usitées,

$$G(t) = A_{\mu-1}(t^2) + t^{2-q} B_{\frac{q}{2}}(t^2) + \log t \, C_{\mu - \frac{q}{2}}(t^2). \tag{9}$$

Les formules (7) et (8) vont nous permettre de résoudre complètement la question que nous nous étions proposée. Deux cas sont à considérer suivant la parité de $q$.

1° *$q$ impair*. $q = 2q' + 1$.

La forme la plus générale sera

$$G(t) = t^{2n+1} + P_{n+q'}(t^2), \qquad 2n + 1 \geqslant 2 - q. \tag{10}$$

On aura, en effet,

$$\nabla_q^{n+q'} G(t) = \frac{A(2n+1)}{t^{q-2}} + \text{const.} \tag{11}$$

$$A(2n+1) = (2n+1)(2n-1)\ldots(1-q')(2n+q-1)(2n+q-3)\ldots 4\ 2 \tag{12}$$

On parviendra à des identités en partant d'une fonction de la forme

$$G(t) = P_m(t^2) \tag{13}$$

où le second membre désigne un polynôme de degré $m$ en $t^2$. Si l'on différentie, il vient

$$\frac{\partial^{2m+2-h} P_m(t^2)}{\partial y_1^{0\,\alpha_1}\, \partial y_2^{0\,\alpha_2} \ldots \partial y_q^{0\,\alpha_1}} = 0, \qquad \alpha_1 + \alpha_2 + \ldots + \alpha_q = 2m + 2 - h \tag{14}$$

$h$ désigne le nombre des variables $(y^0_j)$ qui interviennent dans la dérivation. Toute autre forme ne nous conduira à aucun résultat.

2° *$q$ pair*. $q = 2q' + 2$.

Nous pourrons utiliser l'une ou l'autre des deux formes

$$G^1(t) = \frac{1}{t^{2n}} + P_{q'-n}(t^2), \qquad 2n \leqslant q - 2, \qquad n > 0, \tag{15}$$

$$G^2(t) = t^{2n} \log t + P_{q'+n}(t^2), \qquad n > 0. \tag{16}$$

Dans le premier cas, on aura

$$(17) \qquad \nabla_q^{q'-n} G^1(t) = \frac{A(-2n)}{t^{q-1}} + \text{const.}$$

$$(18)\ A(-2n) = 2n.(2n+2)\dots(4-q),(n-q+2)(2n-q+4)\dots(2n-4)(2n-2)$$

et dans le second

$$(19) \qquad \nabla_q^{q'+n} G^2(t) = \frac{C(2n)}{t^{q-1}} + \text{const.}$$

$$(20) \quad C(2n) = (-1)^{q'-1}(2.4.\dots.q-4)^2.\ 2.4\dots 2n.q.q+2.\dots.q+2n-2.$$

Enfin si l'on adopte la forme

$$G(t) = P_m(t^2),$$

on aura les mêmes identités que pour $q$ impair.

Revenons à la fonction V qui nous a servi d'auxiliaire pour déterminer l'intégrale et supposons que l'on soit placé dans la région (P), nous pouvons énoncer le théorème qui résume et précise la marche suivie :

Théorème. — *Supposons que l'on soit parvenu à déterminer une fonction* $V(x, y)$ *qui satisfasse à la fois à l'équation* $\Delta^{p,q} V = 0$ *et aux conditions suivantes :*

1° *Elle s'annule sur la variété conique* $r^2 - t^2 = 0$.

2° *Elle est discontinue sur la variété* $r = 0$ *de telle sorte que si* $r$ *tend vers* 0 *l'on a*

$$\lim r^{p-1} V = 0,$$

$$\lim r^{p-1} \frac{\partial V}{\partial r} = G(t)$$

*la fonction* $G(t)$ *ayant l'une des formes qui permet d'effectuer l'inversion de l'intégrale* (7) *par l'application d'un nombre fini de symboles* $\nabla_q$.

*On peut à l'aide de cette fonction déterminer la valeur prise au sommet de la variété* $r^2 - t^2 = 0$ *par une intégrale* $U(x, y)$ *de l'équation* $\Delta^{p,q} U = 0$, *lorsque l'on connait ses valeurs et celles de sa dérivée conormale sur la frontière* $(F_p)$ *du domaine* (P) *défini précédemment.*

*La solution sera de la forme suivante, où* $K_0$ *désigne une constante,*

$$K_0 U(x^0, y^0) = \nabla_q^{\lambda} \int_{(F_p)} \left( V \frac{\partial U}{\partial \nu} - U \frac{\partial V}{\partial \nu} \right) d\sigma_{p+q-1}.$$

*Si au contraire* G(t) *se réduit à un polynôme en $t^2$ de degré m, on obtiendra des identités de la forme*

$$0 = \frac{\partial^{2m+2-h}}{\partial y_1^{0\,\alpha_1} \partial y_2^{0\,\alpha_2} \ldots \partial y_q^{0\,\alpha_q}} \int_{(F_p)} \left( V \frac{\partial U}{\partial \nu} - U \frac{\partial V}{\partial \nu} \right) d\sigma_{p+q-1}$$

$$\alpha_1 + \alpha_2 + \ldots + \alpha_q = 2m + 2 - h,$$

*h désigne le nombre des variables $(y^{\circ}_j)$ qui interviennent dans la dérivation.*

**32. Les intégrales principales et la résolution de l'équation $\Delta^{pq} U = 0$.** — Après les détails que nous venons de donner, il ne reste plus qu'à signaler les valeurs particulières des fonctions V qui permettent d'obtenir soit une solution, soit des identités. Nous passerons en revue les divers cas en supposant toujours $p$ et $q$ supérieurs à deux. Pour éviter des redites, nous nous supposerons toujours placés dans la région (P).

1° *p et q impairs.* — La solution est fournie par la formule (A). On aura des identités si l'on remplace $\lambda$ dans $V_P$ par un entier *impair* ; il viendra

$$\text{(C)} \qquad 0 = \frac{\partial^{\lambda+p-h}}{\partial y_1^{0\,\alpha_1} \partial y_1^{0\,\alpha_2} \ldots \partial y_q^{0\,\alpha_q}} \cdot \int_{(F_p)} \left( V_P \frac{\partial U}{\partial \nu} - U \frac{\partial V_P}{\partial \nu} \right) d\sigma_{p+q-1}.$$

$$\alpha_1 + \alpha_2 + \ldots + \alpha_q = \lambda + p - \lambda, \qquad \lambda = 2n + 1 ;$$

comme précédemment $h$ représente le nombre des variables $(y^{\circ}_j)$ qui figurent dans la dérivation et $\lambda$ devra satisfaire à toutes les autres conditions exigées pour l'emploi de l'intégrale $V_P$.

2° *p pair et q impair.* — On aura la solution en remplaçant dans (A) l'entier $\lambda$ par un nombre *impair* satisfaisant à toutes les conditions qui sont énumérées. La forme de la constante $P_0$ ne sera pas modifiée.

Pour avoir des identités on devra au contraire prendre $\lambda$ *pair.*

Tout cela résulte de ce que dans la relation (3) figure $t^{\lambda+p-2}$ où $p$ est pair par hypothèse.

3° *p impair et q pair.* — On aura des identités en appliquant la formule (C) avec $\lambda$ impair.

Pour obtenir la solution, nous devrons recourir pour G($t$) à l'une des formes (15) ou (16). Il est aisé de reconnaître que la solution $V_P$ ne saurait convenir. Mais nous pourrons employer l'intégrale (III) du numéro 25. Elle est de la forme

$$W_P = V_P \log t + V_P\, C\left(\frac{r^2}{t^2}\right)$$

où $V_P$ est l'intégrale (1) du numéro 24 et $C\left(\frac{r^2}{t^2}\right)$ une fonction que nous avons étudiée. On aura encore, lorsque $r$ tendra vers 0,

$$\lim. r^{p-1} W_r = 0 ;$$

mais en outre

$$\lim. r^{p-1} \frac{\partial W_P}{\partial r} = \log t. t^{\lambda+p-2} (2-p). F\left(\frac{\lambda+2}{2}, \frac{\lambda+q}{2}, \frac{p+q}{2}+\lambda, 1\right).$$

La formule correspondant à la relation (3) sera

$$R_o. \int_R t^{\lambda+p-2} \log t\, U(x^o, y)\, d\tau_q = \int_{(F_p)} \left(W_P \frac{\partial U}{\partial \nu} - U \frac{\partial W_P}{\partial \nu}\right) d\sigma_{p+q-1},$$

$$R_o = \Omega_p (2-p) F\left(\frac{\lambda+2}{2}, \frac{\lambda+q}{2}, \frac{p+q}{2}+\lambda, 1\right).$$

On peut appliquer le symbole $\nabla_q$. Si l'on tient compte de (19) on aura

$$\text{(D)} \qquad P_o U(x^o, y^o) = \nabla_q^{\frac{\lambda+p+q-2}{2}} \int_{(F_p)} \left(W_P \frac{\partial U}{\partial \nu} - U \frac{\partial W_P}{\partial \nu}\right) d\sigma_{p+q-1},$$

$$P_o = - R_o (q-2)\, \Omega_q\, C(\lambda+p-2)$$
$$= (p-2)(q-2)\, \Omega_p \Omega_q\, C(\lambda+p-2)\, F\left(\frac{\lambda+2}{2}, \frac{\lambda+q}{2}, \frac{p+q}{2}+\lambda, 1\right).$$

Le nombre $\lambda$ est *impair* et satisfait aux conditions

$$\frac{p+q}{2}+\lambda-1>0, \qquad \lambda+p+q-2>0, \qquad p+\lambda>0,$$

et $C(2n)$ est définie par la relation (20).

4° *p et q sont tous les deux impairs.* — On aura la solution en remplaçant dans (D) le nombre $\lambda$ par un entier *pair*. Les identités s'obtiendront de même par application de la formule (C) avec une valeur paire de $\lambda$.

**33. Cas où l'un des nombres p ou q est égal à deux.** — Si l'un des nombres $p$ ou $q$ est égal à deux on se trouve dans l'un des trois derniers cas.

1° $p = 2$ *et q impair.* — Nous prendrons pour intégrale principale la fonction $V^2{}_r$, étudiée au numéro 24

$$V^2{}_r = t^\lambda \left[ P(x) \log x + Q(x) \right].$$

On aura, lorsque $r$ tendra vers zéro,

$$\lim . \, r V^2_r = 0,$$

$$\lim . \, r \frac{\partial V^2_r}{\partial r} = R_0 \, t^\lambda,$$

$$R_0 = -2 \frac{\Gamma\left(\frac{2\lambda + q - 2}{2}\right)}{\Gamma\left(\frac{\lambda + 2}{2}\right)\Gamma\left(\frac{\lambda + q}{2}\right)}.$$

Le calcul s'achève comme précédemment. Si l'on prend pour $\lambda$ une valeur paire, on sera conduit aux identités (C), où $V_r$ doit être remplacé par $V^2_r$. Si l'on prend au contraire une valeur impaire, on aura l'intégrale par la formule (A). Pour avoir la constante, on devra remplacer dans $P_0$ l'expression $R_0$ par la valeur trouvée précédemment multipliée par $2\Pi$.

2° *$p$ est impair et $q = 2$.* — Pour ce cas les intégrales $V_r$ et $W_r$ ne cessent point d'être valables. Les formules (C) et (D) résolvent le problème en ayant soin de choisir $\lambda$ d'après les indications déjà données pour $q$ pair et $p$ impair.

3° *$p = 2$ et $q$ est pair.* — Nous devrons recourir à l'intégrale $W^2_r$ du numéro 25. Les raisonnements sont les mêmes que pour $p = 2$ et $q$ impair ; la valeur de $R_0$ est aussi la même. Les formules (D) et (C) résoudront ainsi le problème et dans les deux cas on devra prendre pour $\lambda$ une valeur paire.

Les résultats sont particulièrement simples dans le cas où $p = 2$, $q = 2$.

On prendra pour intégrale principale

$$\text{(IV)}' \qquad V = \log t \log \frac{r}{t} + \int_1^{\frac{r}{t}} \frac{du}{u} \log(1 - u^2)$$

et l'on a

$$\lim . \, r V = 0,$$

$$\lim r \frac{\partial V}{\partial r} = \log t$$

pour

$$\lim r = 0.$$

La relation (3) deviendra ici

$$\int_R \log t . \, U(x^0_1, x^0_2 ; y_1, y_2) d\tau_2 = \int_{(F_r)} \left(V \frac{\partial U}{\partial \nu} - U \frac{\partial V}{\partial \nu}\right) d\sigma_2.$$

et on aura, en effectuant l'inversion :

$$(\mathrm{D})' \qquad \mathrm{U}(x^0_1, x^0_2; y^0_1, y^0_2) = -\frac{1}{2\Pi}\nabla_2 \int_{(\mathrm{F}_p)} \left(\mathrm{V}\frac{\partial \mathrm{U}}{\partial \nu} - \mathrm{U}\frac{\partial \mathrm{V}}{\partial \nu}\right) d\sigma_2.$$

$$\left(\nabla_2 = \frac{\partial^2}{\partial y^{0\,2}_1} + \frac{\partial^2}{\partial y^{0\,2}_2}\right).$$

Si au lieu de l'intégrale (IV)' nous prenons la solution évidente

$$\mathrm{V} = \log\left(\frac{r}{l}\right),$$

la formule (3) nous conduira à l'équation de condition

$$\int_{(\mathrm{R})} \mathrm{U}(x^0_1, x^0_2; y_1, y_2)\, d\tau_2 = \int_{(\mathrm{F}_p)} \left[\log\left(\frac{r}{l}\right)\frac{\partial \mathrm{U}}{\partial \nu} - \mathrm{U}\frac{\partial \log\left(\frac{r}{l}\right)}{\partial \nu}\right] d\sigma_2.$$

Le premier membre est indépendant de $y^0_1$ et de $y^0_2$, il en doit être de même du second. Nous voyons donc, ici encore, que l'on ne saurait se donner arbitrairement les valeurs de U et $\frac{d\mathrm{U}}{d\nu}$ ; elles doivent satisfaire aux identités

$$(\mathrm{C})' \qquad \begin{cases} \dfrac{\partial}{\partial y^0_1}\displaystyle\int_{(\mathrm{F}_p)} \left[\log\left(\frac{r}{l}\right)\frac{\partial \mathrm{U}}{\partial \nu} - \mathrm{U}\frac{\partial \log\left(\frac{r}{l}\right)}{\partial \nu}\right] d\sigma_2 = 0, \\ \dfrac{\partial}{\partial y^0_2}\displaystyle\int_{(\mathrm{F}_p)} \left[\log\left(\frac{r}{l}\right)\frac{\partial \mathrm{U}}{\partial \nu} - \mathrm{U}\frac{\partial \log\left(\frac{r}{l}\right)}{\partial \nu}\right] d\sigma_2 = 0. \end{cases}$$

## II. — Intégration de l'équation $\Delta^{p,q}\mathrm{U} + \mathrm{KU} = 0$.

**34. La formule fondamentale.** — Les raisonnements du paragraphe précédent peuvent s'étendre à l'équation

$$\Delta^{p,q}\mathrm{U} + \mathrm{KU} = 0, \qquad \left(\Delta^{p,q}\mathrm{U} = \sum_{i=1}^{p}\frac{\partial^2 \mathrm{U}}{\partial x^2_i} - \sum_{j=1}^{q}\frac{\partial^2 \mathrm{U}}{\partial y^2_j}\right).$$

Conservons les mêmes notations, la formule (I) nous donne immédiatement

$$\text{(II)} \quad \int_D \left[ V(\Delta^{p,q} U + KU) - U(\Delta^{p,q} V + KV)\right] d\tau_{p+q} + \int_F \left( V \frac{\partial U}{\partial \nu} - U \frac{\partial V}{\partial \nu}\right) d\sigma_{p+q-1} = 0.$$

Nous appliquerons cette relation pour le domaine (P) défini au numéro 28. Nous prendrons pour $U(x, y)$ l'intégrale de $\Delta^{p,q} U + KU = 0$ déterminée par ses valeurs et celles de sa dérivée conormale sur la surface fermée $S(x, y) = 0$. Pour V nous prendrons l'intégrale (V) du numéro 26

$$\text{(V)} \qquad Z_P = V_P \left(\sqrt{-Kv}\right)^{\left(\frac{p+q}{2} + \lambda - 1\right)} J_{\frac{p+q}{2} + \lambda - 1} \left(\sqrt{-Kv}\right)$$

$$v = r^2 - t^2,$$

$Jn$ désigne une fonction de Bessel et $V_P$ l'intégrale (I) du numéro 24.

Dans cette intégrale la fonction $V_P$ seule est discontinue sur la variété $r = 0$. Nous isolerons cette discontinuité à l'aide du cylindre

$$\text{R)} \qquad r - \varepsilon = 0,$$

et nous appliquerons la formule (II). On aura

$$\int_{(\overline{F_p}) + (\overline{C}) + (R)} \left( Z_P \frac{\partial U}{\partial \nu} - U \frac{\partial Z_P}{\partial \nu}\right) d\sigma_{p+q-1} = 0.$$

Faisons tendre $\varepsilon$ vers zéro, les raisonnements du numéro 29 ne sont point modifiés essentiellement. En effet $Z_P$ ne diffère de $V_P$ que par la présence du facteur

$$\left(\sqrt{-Kv}\right)^{\left(\frac{p+q}{2} + \lambda - 1\right)} J_{\frac{p+q}{2} + \lambda - 1} \left(\sqrt{-Kv}\right)$$

qui se comporte comme une fonction entière de $v$ et se réduit à un pour $v = 0$, c'est-à-dire pour $r = t$.

La fonction $Z_P$ s'annulera donc sur le cône caractéristique et l'on aura

$$\lim r^{p-1} Z_P = 0$$

$$\lim r^{p-1} \frac{\partial Z_P}{\partial r} = (2-p)\, F\left(\frac{\lambda+2}{2}, \frac{\lambda+q}{2}, \frac{p+q}{2} + \lambda, 1\right) t^{\lambda+p-2}\, G(Kt^2)$$

pour

$$\lim r = 0,$$

en posant

$$(21) \qquad G(Kt^2) = \sum_{\mu=0}^{\infty} \frac{(Kt^2)^\mu}{\Gamma\left(\frac{p+q}{2} + \lambda + \mu\right)\Gamma(\mu+1)}.$$

Finalement il vient la relation que nous voulons établir :

$$(22) \left\{ \begin{aligned} & R_0 \int_R G(Kt^2)\, t^{\lambda+p-2}\, U(x_0, y)\, d\tau_q = \int_{(F_p)} \left( Z_P \frac{\partial U}{\partial \nu} - U \frac{\partial Z_P}{\partial \nu} \right) \partial\sigma_{p+q-1} \\ & R_0 = \Omega_p (2-p)\, F\left(\frac{\lambda+2}{2}, \frac{\lambda+q}{2}, \frac{p+q}{2}+\lambda, 1\right). \end{aligned} \right.$$

Si l'on suppose que K tende vers zéro, l'intégrale $Z_P$ tend vers l'intégrale $V_P$ et à la limite la relation (22) se réduit à la relation (3), comme on devait s'y attendre.

La formule à laquelle nous venons de parvenir ne se prête point à l'inversion de la fonction U par l'application d'un nombre fini de symboles $\nabla_q$, car l'expression $G(Kt^2)\, t^{\lambda+p-2}$ n'est pas une intégrale de l'équation

$$\nabla^\mu_q G(t) = 0.$$

Ce cas est l'analogue de celui que nous avons résolu en second lieu au numéro 16 par l'application de la méthode des approximations successives. Nous allons voir que le même procédé peut encore être utilisé, grâce aux propriétés du symbole $\nabla_q$.

**36. Inversion par l'emploi du symbole $\nabla_q$ combiné avec la méthode des approximations successives.** — Nous commencerons par effectuer l'inversion de l'intégrale suivante

$$(23) \qquad \int_R G(t^2) \frac{h(y)}{t^{q-2}}\, d\tau_q = H(y^0); \qquad t = \sqrt{\sum_{j=1}^{q} (y_j - y^0_j)^2}.$$

$G(t^2)$ désigne une fonction régulière, ne s'annulant point pour $t^2 = 0$ ; $H(y^0)$ est une fonction bien déterminée des variables $(y^0_1, y^0_2, \ldots, y^0_q)$ et $h(y)$ représente une fonction inconnue des variables $(y_1, y_2, \ldots, y_q)$. Le domaine R est supposé indépendant des variables $(y^0)$ et l'intégration s'effectue par rapport aux variables $(y)$.

Appliquons aux deux membres de (23) le symbole

$$\nabla_q = \frac{\partial^2}{\partial y_1^{0 2}} + \frac{\partial^2}{\partial y_2^{0 2}} + \cdots + \frac{\partial^2}{\partial y_q^{0 2}}.$$

On pourra dériver sous signe somme dans l'intégrale qui figure au premier membre. Tenons compte de la relation généralisée de Poisson et de la relation

$$\nabla_q f(t)\, g(t) = f(t)\, \nabla_q g(t) + g(t)\, \nabla_q f(t) + 2\frac{\partial f}{\partial t}\frac{\partial g}{\partial t}$$

il vient

$$-(q-2)\Omega_q G(0) h(y^0) + \int_R \left[\nabla_q G(t^2) + 4(2-q)\frac{\partial G}{\partial t^2}\right]\frac{h(y)}{t^{q-2}}\, d\tau_q = \nabla_q H(y^0).$$

On en tire, en posant $k = (q-2)\,\Omega_q\, G(0)$ :

$$(24)\qquad h(y^0) = \frac{1}{k}\int_R \left[4(q-2)\frac{\partial G}{\partial t^2} - \nabla_q G(t^2)\right]\frac{h(y)}{t^{q-2}}\, d\tau_q + \frac{\nabla_q H(y^0)}{k}.$$

Cette formule permet l'application des approximations successives. Posons d'une manière générale

$$h_n(y^0) = \frac{1}{k}\int_R \left[4(q-2)\frac{\partial G}{\partial t^2} - \nabla_q G(t^2)\right]\frac{h_{n-1}(y)}{t^{q-2}}\, d\tau_q + \frac{\nabla_q H(y^0)}{k},$$

$$h_0(y^0) = \frac{\nabla_q H(y_0)}{k},$$

on pourra écrire

$$(25)\qquad h_n = h_0 + (h_1 - h_0) + (h_n - h_{n-1}).$$

Démontrons que le second membre de (25) converge, pour un domaine R suffisamment petit, lorsque $n$ croît indéfiniment.

Pour cela formons la différence $\varphi_{k+1} - \varphi_k$

$$\varphi_{k+1} - \varphi_k = \frac{1}{k}\int_R \left[4(q-2)\frac{\partial G}{\partial t^2} - \nabla_q G(t^2)\right]\frac{(h_k - h_{k-1})}{t^{q-2}}\, d\tau_q.$$

Exprimons $d\tau_q$ à l'aide des coordonnées sphériques

$$d\tau_q = t^{q-1}\, dt\, d\omega_{q-1},$$

$d\omega_{q-1}$ désignant l'élément infinitésimal de la sphère de rayon un dans l'espace à $q$ dimensions. Représentons encore par M le module maximum dans R de l'expression

$$\frac{4(q-2)\dfrac{\partial G}{\partial t^2} - \nabla_q G(t^2)}{k}$$

et par

$$| h_k - h_{k-1} |$$

le module de $h_k - h_{k-1}$ dans le même espace, il vient

$$| h_{k+1} - h_k | < \mathrm{M} \, | h_k - h_{k-1} | \int_{\mathrm{R}} t dt \, d\omega_{q-1}$$

ou bien

$$| h_{k+1} - h_k | < | h_k - h_{k-1} | \, \mathrm{MS},$$

$$\mathrm{S} = \int_{\mathrm{R}} t dt \, d\omega_{q-1}.$$

Comme S tend vers zéro avec R, on peut toujours supposer ce domaine assez petit pour que l'on ait

$$\mathrm{MS} < 1.$$

La convergence du développement en résulte immédiatement.

En suivant une marche analogue à celle du numéro 16, on démontrerait que la série obtenue satisfait à la relation (23).

**37. Inversion de l'intégrale (22), lorsque $q$ est impair.** — Pour appliquer cette méthode d'inversion à l'intégrale (22), il faut d'abord la ramener à la forme (23). Supposons, pour fixer les idées, $p$ et $q$ impairs. Donnons à $\lambda$ une valeur *paire* et appliquons aux deux membres de (22) le symbole $\nabla_q^{\frac{\lambda+p+q-4}{2}}$. On aura, en représentant par $\mathrm{G}_1(t^2)$ une nouvelle fonction holomorphe de $(t^2)$ ne s'annulant point pour $t^2 = 0$,

$$(26) \qquad \int_{\mathrm{R}} \mathrm{G}_1(t^2) \frac{\mathrm{U}(x^0, y)}{t^{q-2}} d\tau_q = \nabla_q^{\frac{\lambda+p+q-4}{2}} \int_{(\mathrm{P}_p)} \left( \mathrm{V} \frac{\partial \mathrm{U}}{\partial \nu} - \mathrm{U} \frac{\partial \mathrm{V}}{\partial \nu} \right) d\sigma_{p+q-1}.$$

On est ramené à la forme (23) et l'inversion peut se faire par la méthode des approximations successives.

Comme d'ailleurs rien ne distingue les espaces (P) et (Q), lorsque l'on suppose $p$ et $q$ tous les deux impairs, le problème est complètement résolu.

Si le nombre $q$ seul est impair, il faudra donner à $\lambda$ une valeur *impaire* pour pouvoir parvenir à la relation (26) par l'application du symbole $\nabla^{\mu}_q$. La méthode des approximations successives pourra encore être appliquée.

Mais il n'en sera plus de même dans la région (Q). L'intégrale $\mathrm{Z_Q}$ ne conduira plus au résultat. Il faudrait aussi, comme d'ailleurs dans le cas où les nombres $p$ et $q$ sont tous les deux pairs, introduire des solutions logarithmiques. Nous n'y insisterons pas plus longuement.

**38. Extension aux équations à coefficients variables.** — Dans tout ce qui précède, nous avons constamment supposé que la fonction inconnue U satisfaisait à l'équation $\Delta^{p,q} U = 0$ ou bien encore à l'équation $\Delta^{p,q} U + KU = 0$. Il ressort des raisonnements que nous avons faits que l'on saura aussi effectuer l'intégration, lorsque ces équations auront pour second membre une fonction connue et intégrable des variables $(x, y)$, c'est-à-dire lorsqu'elles seront de la forme

$$\Delta^{p,q} U + KU = H(x, y).$$

Il suffira de partir de la relation fondamentale

$$\text{(II)}' \qquad \int_D VH(x, y)\, d\tau_{p+q} + \int_F \left(V \frac{\partial U}{\partial \nu} - U \frac{\partial V}{\partial \nu}\right) d\sigma_{p+q-1} = 0$$

où V désigne toujours une intégrale particulière de l'équation

$$\Delta^{p,q} U + KU = 0.$$

Considérons le cas où la constante K est nulle. Nous devrons partout, dans les formules (A), (B), (C), (D), ajouter un terme qui correspond à l'intégrale étendue au domaine D. En particulier si les données à la frontière sont identiquement nulles, cette dernière intégrale subsistera seule.

Supposons, par exemple, $p$ et $q$ impairs et supérieurs à 2 et plaçons-nous dans la région (P). Si U et $\frac{\partial U}{\partial \nu}$ sont nulles sur $(F_p)$, on aura

$$\text{(A)} \qquad P_0 U(x^0, y^0) = \nabla_q^{\frac{\lambda+p+q-2}{2}} \int_P V_P H(x, y)\, d\tau_{p+q},$$

où toutes les quantités qui figurent auront la même signification que dans la formule (A). Cette formule permet de tenter l'intégration par la méthode des approximations successives des équations à coefficients variables de la forme

$$\Delta^{p,q} U = H\left(U, \frac{\partial U}{\partial x}, \frac{\partial U}{\partial y}\right).$$

En suivant la voie tracée par M. Picard, M. R. d'Adhémar [1] est parvenu, tout récemment, à résoudre le problème lorsque H est une expression linéaire par rapport à la fonction et à ses dérivées premières.

[1] *Sur une classe d'équations aux dérivées partielles intégrables par approximations successives* (*Comptes-Rendus*, 17 février 1902).

# CHAPITRE V

## LES ONDES

### I. — Les conditions de comptabilité.

**39. — Les surfaces d'onde.** — Considérons une équation aux dérivées partielles linéaire, du second ordre, à quatre variables $x$, $y$, $z$ et $t$ où $t$ désigne le temps. Nous supposerons que cette équation définit l'une des fonctions caractéristiques du mouvement, la fonction potentielle des vitesses par exemple.

Interprétons le temps $t$ comme un paramètre et soit, dans l'espace à 3 dimensions $E(x, y, z)$, une surface $f(x, y, z; t)$ variable avec le paramètre $t$. Supposons que cette surface partage l'espace en régions *variables* telles que pour chacune d'elle la fonction caractéristique du mouvement soit représentée par des développements analytiques différents. *On dit que la surface* f *est une onde d'ordre* $(n+1)$ *si les développements prennent sur la surface, quelque soit* t, *les mêmes valeurs ainsi que leurs dérivées partielles jusqu'à l'ordre* n, *les dérivées d'ordre* $(n+1)$ *n'étant pas toutes égales* (1).

Cette définition est l'extension de celle qui a été donnée par Hugoniot pour les ondes du second ordre. Nous allons la mettre sous une forme un peu différente de façon à substituer à la surface et aux régions *variables* une hypersurface et des régions *fixes*, dans un espace d'ordre supérieur.

*Interprétons le temps* t *comme une coordonnée courante et dans l'espace à quatre dimensions* $E(x, y, z; t)$ *considérons une hypersurface fixe* $f(x, y, z; t)$. *Supposons que cette hypersurface partage l'espace considéré en régions fixes telles que pour chacune d'elle la fonction du mouvement soit représentée par des développements analytiques différents.*

*Nous dirons que cette hypersurface est une onde d'ordre* $(n+1)$ *si les deux développements prennent sur la surface les mêmes valeurs ainsi que leurs dérivées partielles jusqu'à l'ordre* n, *les dérivées d'ordre* $(n+1)$ *n'étant pas toutes égales.*

(1) Voir Duhem, *Cours de 1899-1900*. Voir aussi M. Hadamard, *Sur la propagation des ondes Bulletin de la Société mathématique de France*, t. XXIX, p. 50-60 ; 1901).

Géométriquement la première définition revient à considérer les sections de l'hypersurface $f(x, y, z, t)$ par les variétés $t = const.$

Dans tout ce qui suit nous ferons usage du dernier mode de représentation qui permet de simplifier considérablement la théorie et rend intuitif la plupart des résultats. Nous désignerons par *front de l'onde* toute section de l'hypersurface $f(x, y, z; t)$ par les variétés $t = const.$

**40. Relations entre les données initiales et les multiplicités d'éléments unis.** — Un rapprochement fort simple va nous permettre de rattacher toute la théorie des ondes à celles des surfaces caractéristiques. Considérons l'hypersurface $f(x, y, z; t) = 0$ que nous supposerons onde d'ordre $(n + 1)$ pour la fonction caractéristique d'un mouvement satisfaisant à l'équation

$$(1) \qquad F(u) = 0.$$

Soient $U_1$ et $U_2$ les développements analytiques de $u$ dans deux régions contiguës séparées par $f$.

Nous pouvons regarder les valeurs prises sur $f$ par les intégrales et leurs dérivées jusqu'à l'ordre $n$ comme des *données initiales*. A ce point de vue dire que l'équation (1) admet $f(x, y, z; t)$ comme onde d'ordre $n$ revient à dire que l'équation (1) admet deux intégrales analytiques différentes prenant avec leurs dérivées jusqu'à l'ordre $n$ les mêmes valeurs sur cette hypersurface. Si $n$ est au moins égal à l'ordre de l'équation, le *Problème de Cauchy est indéterminé*. Par suite, si l'on se reporte à ce qui a été dit au Chapitre I sur cette indétermination, il faut que les deux conditions suivantes soient remplies :

1° *Les valeurs sur l'hypersurface forment une multiplicité d'éléments unis d'ordre* n.

2° *L'hypersurface* f (x, y, z ; t) *est une hypersurface caractéristique.*

Nous allons examiner successivement ces deux conditions et nous verrons qu'elles contiennent toute la théorie des ondes.

Cherchons d'abord les conséquences que l'on peut tirer de la première et pour cela formons la différence

$$U_1 - U_2 = U.$$

*C'est une intégrale de* (1) *qui s'annule sur l'hypersurface avec ses dérivées jusqu'à l'ordre* n, *les dérivées d'ordre* n + 1 *n'étant pas toutes nulles.*

Si nous nous reportons à la formule (9) du numéro 4, on aura pour l'expression d'une dérivée quelconque d'ordre $n + 1$

$$\frac{\partial^{n+1} U}{\partial x^\alpha \partial y^\beta \partial z^\gamma \partial t^\delta} = \overset{(n+1)}{p}_{x^\alpha y^\beta z^\gamma t^\delta} (\lambda_0, \lambda_1, \ldots, \lambda_{n+1}) f, \qquad (\alpha + \beta + \gamma + \delta = n + 1).$$

Mais ici on doit avoir identiquement

$$p^{(k)}_{x^{\alpha'} y^{\beta'} z^{\gamma'} t^{\delta'}} (\lambda_0, \lambda_1, \ldots, \lambda_k) f = 0 \qquad \begin{matrix} (\alpha' + \beta' + \gamma' + \delta' = k) \\ (k = 1, 2, \ldots, n) \end{matrix}$$

ce qui nous donne

$$\lambda_0 = \lambda_1 = \ldots = \lambda_n = 0,$$

et il vient

$$p^{(n+1}_{x^\alpha y^\beta z^\gamma t^\delta} = (0, 0, \ldots, 0, \lambda_{n+1}) f = \lambda_{n+1} \left(\frac{\partial f}{\partial x}\right)^\alpha \left(\frac{\partial f}{\partial y}\right)^\beta \left(\frac{\partial f}{\partial z}\right)^\gamma \left(\frac{\partial f}{\partial t}\right)^\delta.$$

On est ainsi conduit à la proposition suivante :

THÉORÈME I. — *Sur une surface d'onde d'ordre* (n + 1) *les dérivées d'ordre* (n + 1) *d'une fonction doivent être de la forme*

$$\frac{\partial^{n+1} U}{\partial x^\alpha \partial y^\beta \partial z^\gamma \partial t^\delta} = \lambda_{n+1} \left(\frac{\partial f}{\partial x}\right)^\alpha \left(\frac{\partial f}{\partial y}\right)^\beta \left(\frac{\partial f}{\partial z}\right)^\gamma \left(\frac{\partial f}{\partial t}\right)^\delta. \tag{2}$$

M. Hadamard [1] a indiqué une autre expression des dérivées qui résulte immédiatement de cette forme générale. A l'instant $t$ considérons la normale au front de l'onde dans l'espace à trois dimensions $E_3$ $(x, y, z)$ et posons

$$\frac{\partial f}{\partial x} = a\sqrt{\Delta_1 f}, \quad \frac{\partial f}{\partial y} = b\sqrt{\Delta_1 f}, \quad \frac{\partial f}{\partial z} = c\sqrt{\Delta_1 f};$$

$$\Delta_1 f = \left(\frac{\partial f}{\partial x}\right)^2 + \left(\frac{\partial f}{\partial y}\right)^2 + \left(\frac{\partial f}{\partial z}\right)^2.$$

Substituons dans (2), il viendra

$$p^{(n+1)}_{x^\alpha y^\beta z^\gamma t^\delta} = a^\alpha b^\beta c^\gamma \left(\sqrt{\Delta_1 f}\right)^{n+1-\delta} \left(\frac{\partial f}{\partial t}\right)^\delta \lambda_{n+1}, \qquad (\alpha + \beta + \gamma + \delta = n + 1).$$

Si l'on fait successivement ($\delta = 0, 1, 2, \ldots, n + 1$), on aura $n + 2$ sortes de dérivées. Posons

$$\lambda_{n+1} \left(\sqrt{\Delta_1 f}\right)^{n+1-\delta} \left(\frac{\partial f}{\partial t}\right)^\delta = A^\delta_{n+1}.$$

Nous aurons, d'une façon générale,

$$\left\{ \begin{aligned} & p^{n+1}_{x^\alpha y^\beta z^\gamma t^\delta} = A^\delta_{n+1} a^\alpha b^\beta c^\gamma \qquad (\alpha + \beta + \gamma + \delta = n + 1) \\ & A^\delta_{n+1} = A^{\delta-1}_{n+1} \left(\frac{\partial f}{\partial t}\right) \frac{1}{\sqrt{\Delta_1 f}}. \end{aligned} \right. \tag{3}$$

Le théorème énoncé par M. Hadamard et utilisé par M. Duhem dans ses recherches sur le théorème d'Hugoniot en résulte immédiatement :

(1) Voir la note *Sur la propagation des ondes*. Voir aussi M. APPELL, *Traité de mécanique rationnelle*, t. III, p. 296-318 où se trouvent développées certaines formules de M. Hadamard.

Théorème II. — *Sur un front d'onde les dérivées d'ordre* $(n+1)$ *peuvent se partager en* $(n+2)$ *catégories qui s'expriment à l'aide de* $(n+2)$ *vecteurs. Ces vecteurs sont en progression géométrique.*

La raison de la progression $\dfrac{\frac{\partial f}{\partial t}}{\sqrt{\Delta_1(f)}}$ a une signification remarquable. Considérons deux fronts d'onde qui correspondent aux sections de l'hypersurface par les variétés $t$ et $t+dt$ infiniment voisines. Dans l'espace à trois dimensions on aura deux surfaces $f(x, y, z\,;\, t)$ et $f'(x, y, z : t+dt)$ infiniment voisines. En un point $(x, y, z)$ de la première les cosinus directeurs de la nomale sont $a$, $b$, $c$ et soit $dn$ la longueur de la normale comprise entre $f$ et $f'$, on aura

$$f(x+adn, y+bdn, z+cdn, t+dt) = 0$$

et par suite

$$\frac{\partial f}{\partial t} + \left(\frac{\partial f}{\partial x} a + \frac{\partial f}{\partial y} b + \frac{\partial f}{\partial z} c\right)\frac{dn}{dt} = 0\,;$$

d'où l'on tire

$$\frac{dn}{dt} = -\frac{\partial f}{\partial t}\frac{1}{\sqrt{\Delta_1 f}}.$$

C'est, au sens d'Hugoniot, la vitesse de propagation comptée positivement lorsque la surface $f'$ s'est déplacée vers la région positive du front d'onde. Pour la suite nous conviendrons d'appeler vitesse de propagation l'expression

$$V = \frac{\partial f}{\partial t}\frac{1}{\sqrt{\Delta_1 f}} \tag{4}$$

*Dans ces conditions la raison de la progression est égale à la vitesse de propagation de l'onde.*

Ces propositions sont donc des conséquences immédiates de la formule (2). La distinction des dérivées en $n+1$ catégories provient uniquement de ce que ces dérivées ne sont pas exprimées symétriquement. Elle est utile pour définir le sens des vibrations, mais dans les autres problèmes elle complique la question ; il y a dès lors avantage à ne pas l'introduire.

**41. Les conditions caractéristiques.** — L'expression trouvée pour les dérivées d'ordre $(n+1)$ sur la surface d'onde est une condition nécessaire, mais non suffisante. Ces valeurs et l'hypersurface doivent satisfaire aux conditions données au numéro 6 et que nous pouvons appeler *conditions caractéristiques*. On les obtiendra ici immédiatement à cause des conditions spéciales auxquelles satisfait la fonction U.

Revenons aux notations du Chapitre I et supposons l'équation (1) écrite sous la forme

$$(1)\qquad F(U) = \sum\sum A_{ik}\frac{\partial^2 U}{\partial x_i \partial x_k} + \sum B_i \frac{\partial U}{\partial x_i} + CU + D \qquad (A_{ik} = A_{ki})$$

Si l'on dérive $(n - 1)$ fois, les termes renfermant les dérivées d'ordre $n$ et $(n + 1)$ sont les suivants

$$\sum\sum A_{ik} p^{(n)}_{i_1 i_2 \ldots i_n} + \sum C_i p^{(n-1)}_{i_1 i_2 \ldots i_{n-1}} + \sum\sum \frac{\partial A_{ik}}{\partial x_{i_1}} p^{(n-1)}_{i_2 i_3 \ldots i_n}$$

Remplaçons les dérivées par leurs valeurs ; on aura, puisque toutes les dérivées jusqu'à l'ordre $n$ sont nulles,

$$\lambda_{n+1}\,\Phi(f)\frac{\partial f}{\partial x_{i_1}}\frac{\partial f}{\partial x_{i_2}}\cdots\frac{\partial f}{\partial x_{i_{n-1}}} = 0$$

$$\Phi(f) = \sum\sum A_{ik}\frac{\partial f}{\partial x_i}\frac{\partial f}{\partial x_k} \qquad (A_{ik} = A_{ki}).$$

Nous supposerons que l'on n'a pas identiquement, en tout point du domaine considéré,

$$\lambda_{n+1}\left(\frac{\partial f}{\partial x_{i_1}}\right)\left(\frac{\partial f}{\partial x_{i_2}}\right)\cdots\left(\frac{\partial f}{\partial x_{in}}\right) = 0;$$

et par suite il vient

$$(5)\qquad \Phi(f) = 0$$

La restriction est toujours possible à condition d'exclure certains points singuliers de l'hypersurface et l'on est conduit au théorème suivant :

Théorème III. — *Les hypersurfaces caractéristiques sont les seules hypersurfaces de l'espace* $E(x, y, z\,;\,t)$ *qui puissent être des ondes.*

Nous reviendrons plus loin sur les conséquences que l'on peut déduire de cette propriété des ondes, exprimons auparavant qu'il y a indétermination pour le calcul des dérivées d'ordre $(n + 2)$. En répétant les raisonnements du numéro 6 et en remarquant que l'on a ici

$$\lambda_1 = \lambda_2 = \ldots = \lambda_n = 0,$$

on trouve que sur l'onde on doit avoir

$$(6)\quad 2\sum_{i=1}^{n}\frac{\partial\lambda_{n+1}}{\partial x_i}\frac{\partial\Phi}{\partial\left(\frac{\partial f}{\partial x_i}\right)} + \lambda_{n+1}\left[F(f) - Cf - D + \frac{1}{\frac{\partial f}{\partial x_{in}}}\left(\frac{\partial\Phi}{\partial x_{i_1}} + \ldots + \frac{\partial\Phi}{\partial x_{in-1}}\right)\right] = 0$$

Comme nous l'avons déjà vu, cette équation linéaire a les mêmes caractéristiques de Cauchy que l'équation $\Phi(f) = 0$, et nous leur avons donné le nom de *bicaractéristiques*. On doit avoir sur ces lignes

$$\frac{dx_i}{\partial \frac{\partial \Phi}{\left(\frac{\partial f}{\partial x_i}\right)}} = \frac{-d\lambda_{n+1}}{F(f) - Cf - D + \frac{1}{\frac{\partial f}{\partial x_{i_n}}}\left(\frac{\partial \Phi}{\partial x_{i_1}} + \dots + \frac{\partial \Phi}{\partial x_{i_{n-1}}}\right)}. \tag{7}$$

Dès lors $\lambda_{n+1}$ sera complètement déterminé en tout point d'une bicaractéristique dès que l'on connaîtra sa valeur en un point particulier.

On pourra supposer que l'on se donne, en tous les points d'un front d'onde, cette valeur $\lambda_{n+1}$ par les expressions que nous avons indiquées précédemment et nous serons conduit au théorème suivant :

THÉORÈME IV. — *En tout point d'une surface d'onde, la fonction $\lambda_{n+1}$ doit satisfaire à une équation linéaire. Cette fonction est complètement déterminée en tout point d'une bicaractéristique dès que l'on connaît sa valeur en un point.*

*Elle sera déterminée sur toute la surface d'onde si l'on se donne sa valeur en tous points d'un même front d'onde.*

Si d'ailleurs la fonction $\lambda_{n+1}$ a été ainsi déterminée, le théorème de Beudon nous permet d'affirmer qu'il existera une infinité d'intégrales ayant sur la surface d'onde, comme dérivées jusqu'à l'ordre $n+1$, les valeurs correspondantes de U.

Ces propriétés donnent aux bicaractéristiques une signification physique importante. Leurs équations peuvent s'écrire

$$\frac{dx}{\frac{\partial \Phi}{\partial X}} = \frac{dy}{\frac{\partial \Phi}{\partial Y}} = \frac{dz}{\frac{\partial \Phi}{\partial Z}} = \frac{dt}{\frac{\partial \Phi}{\partial T}} = \frac{-dX}{\frac{\partial \Phi}{\partial x}} = \frac{-dY}{\frac{\partial \Phi}{\partial y}} = \frac{-dZ}{\frac{\partial \Phi}{\partial z}} = \frac{-dT}{\frac{\partial \Phi}{\partial t}}$$

en posant $X = \frac{\partial f}{\partial x}$, $Y = \frac{\partial f}{\partial y}$, $Z = \frac{\partial f}{\partial z}$, $T = \frac{\partial f}{\partial t}$ et en considérant dans le calcul des dérivées partielles $\Phi$ comme une fonction des variables indépendantes ($x, y, z, t$ ; X, Y, Z, T).

Supposons-les intégrées sous la forme

$$\left\{\begin{aligned} x &= \varphi(x_0, y_0, z_0, t_0, X_0, Y_0, Z_0, T_0 ; t), \\ y &= \chi(x_0, y_0, z_0, t_0, X_0, Y_0, Z_0, T_0 ; t), \\ z &= \psi(x_0, y_0, z_0, t_0, X_0, Y_0, Z_0, T_0 ; t), \\ t &= t. \end{aligned}\right. \tag{8}$$

Les trois premières expressions, lorsque $t$ varie, définissent une ligne dans l'espace à trois dimensions $E_3(x, y, z)$. Considérons un front d'onde et l'ensemble des bicaractéristiques issues de ses divers points. Si l'on donne à $t$ une valeur $t_1$ constante, les extrémités de ces lignes seront sur le front d'onde relatif à $t = t_1$.

D'autre part si l'on se donne, en un point d'une bicaractéristique, les valeurs prises par les divers éléments d'une intégrale, on connaîtra par le fait même ces éléments en tous les points de la bicaractéristique (Th. III). Le mouvement semble donc se propager suivant ces lignes et l'on voit qu'elles sont les analogues des *rayons* dans la théorie de la lumière [1].

Mais il est à remarquer qu'au point de vue où nous nous plaçons, dans la représentation sur un espace $E_3\ (x, y, z)$, les rayons *ne seront point normaux* en général aux fronts d'onde qu'ils traversent.

En effet les équations différentielles de ces lignes sont

$$\frac{dx}{\frac{\partial\Phi}{\partial X}} = \frac{dy}{\frac{\partial\Phi}{\partial Y}} = \frac{dz}{\frac{\partial\Phi}{\partial Z}}.$$

D'autre part les cosinus directeurs de la normale au front d'onde sont proportionnels à X, Y, Z.

On devrait avoir :

$$\frac{X}{\frac{\partial\Phi}{\partial x}} = \frac{Y}{\frac{\partial\Phi}{\partial y}} = \frac{Z}{\frac{\partial\Phi}{\partial z}}.$$

L'intégrale générale de ce système d'équations est de la forme

$$F\,(X^2 + Y^2 + Z^2,\ T^2) = 0$$

Si l'on prend pour F un polynôme homogène, la solution se décompose en terme de la forme

$$T^2 = a^2\,(X^2 + Y^2 + Z^2).$$

C'est la fonction caractéristique des équations du type

$$\frac{\partial^2 V}{\partial t^2} - a^2\left(\frac{\partial^2 V}{\partial x^2} + \frac{\partial^2 V}{\partial y^2} + \frac{\partial^2 V}{\partial z^2}\right) + \Phi\left(x, y, z, t, V, \frac{\partial V}{\partial x}, \frac{\partial V}{\partial y}, \frac{\partial V}{\partial z}, \frac{\partial V}{\partial t}\right) = 0.$$

L'équation des petits mouvements en est un cas particulier. Nous retrouvons ce fait bien connu que dans ce cas les rayons lumineux sont normaux aux surfaces d'onde.

Soit $P_n\,(R, T)$ un polynôme homogène de degré $n$ en R et T. L'équation la plus générale dont les intégrales jouissent de la même propriété sera :

$$P_n\left(\frac{\partial^2}{\partial x^2} + \frac{\partial^2}{\partial y^2} + \frac{\partial^2}{\partial z^2},\ \frac{\partial^2}{\partial t^2}\right) V + \Phi\,(V) = 0$$

où $\Phi\,(V)$ représente une expression quelconque des dérivées partielles de V d'ordre inférieur à $2n$.

[1] Voir la note de M. Hadamard « *Sur la propagation des Ondes* ».

## II. — La Construction d'Huygens.

**42. La génération des surfaces d'onde et la construction d'Huygens. —** Examinons maintenant la génération des surfaces caractéristiques définies par l'équation

$$\Phi(f) = 0. \tag{5}$$

Nous avons défini au numéro 7 la *surface à point singulier* et nous avons vu que les surfaces caractéristiques s'en déduisent en assujétissant le sommet à décrire des variétés ponctuelles à moins de $n - 1$ dimensions.

Si nous appliquons ces considérations à l'espace à quatre dimensions E $(x, y, z\,;\, t)$ et à l'équation qui nous occupe, nous devrons distinguer trois catégories d'hypersurfaces caractéristiques : l'hypersurface à point singulier et ses enveloppes de première et de seconde espèce. Comme toute surface caractéristique représente une onde, nous pouvons énoncer le théorème suivant :

Théorème V. *On obtient toutes les ondes en prenant les enveloppes de l'hypersurface à point singulier, lorsque le sommet est assujéti à décrire dans l'espace E $(x, y, z\,;\, t)$ une variété ponctuelle à moins de trois dimensions.*

Cette proposition conduit directement à la construction d'Huygens Considérons un milieu en repos dans lequel un mouvement est susceptible de se propager et un point entrant en vibration à l'instant $t_0$. A l'instant $t_1$, les points atteints seront sur une certaine surface appelée *surface d'onde* par les physiciens. Nous lui donnerons le nom de *front d'onde central* ou simplement de *front central.* Supposons connu, pour toute durée, le front central et soit, dans l'espace à trois dimensions, une surface fixe dont les points sont mis en vibration à des instants déterminés $t$. On peut construire, pour chaque point de la surface fixe, le front central correspondant à la durée $t_1 - t$.

*D'après Huygens, on obtiendra le front d'onde relatif à $t = t_1$ en prenant les enveloppes de tous les fronts centraux.*

Pour retrouver cette construction en partant du théorème V, il suffit d'étudier les sections des ondes par les variétés $t = t_1$.

Prenons d'abord l'hypersurface à point singulier. Pour une équation donnée, elle est bien déterminée dès que l'on connaît les coordonnées de son sommet $(x_0, y_0, z_0\,;\, t_0)$. La section par la variété $t = const$ donne un front d'onde auquel on peut donner, par extension, le nom de *front central.* Le calcul montre, en effet, que dans les divers cas considérés, on est conduit à la surface d'onde des physiciens. Pour tout point $(x_0, y_0, z_0\,;\, t_0)$ le front central sera connu dès que l'on se donnera la durée $t_1 - t_0$. D'ailleurs, pour une même durée, la forme du front dépend des coordonnées du centre $(x_0, y_0, z_0)$ et de la valeur initiale $t_0$. Il n'y a d'exception que pour les équations à coefficients constants, les seules que l'on étudie généralement en optique à propos de la théorie des ondes.

Examinons maintenant l'onde obtenue en assujétissant le sommet de l'hypersurface singulière à décrire une variété à deux dimensions. On peut supposer les équations de cette variété mises sous la forme

$$\varphi(x, y, z) = 0,$$
$$\psi(x, y, z\,;\, t) = 0.$$

A tout point $(x_0, y_0, z_0)$ de la surface $\varphi(x, y, z) = 0$ correspond une hypersurface singulière dont l'autre coordonnée du sommet $t_0$ sera fournie par la résolution de l'équation $\psi(x_0, y_0, z_0\,;\, t) = 0$. Coupons par la variété $t = t_1$ l'ensemble de ces hypersurfaces et de leur enveloppe et interprétons le résultat géométriquement dans l'espace à trois dimensions $E(x, y, z)$. A chaque point $(x_0, y_0, z_0)$ de $\varphi$ correspondra un front central de durée $t_1 - t_0$, $t_0$ ayant la même signification que précédemment. L'enveloppe de ces surfaces doublement infinies forme le front d'onde cherché.

Le raisonnement serait le même si la variété initiale était à une dimension. Au lieu de la surface $\varphi(x, y, z)$ on aurait une ligne et le front cherché serait une sorte de variété canal.

On retrouve donc bien la construction d'Huygens. En même temps nous voyons que sa véritable raison d'être est dans une propriété générale des surfaces caractéristiques des équations linéaires.

**43. — La détermination des mouvements intermédiaires.** — Les considérations qui précèdent sont déduites directement de la notion de multiplicités caractéristiques. L'extension de la méthode de Riemann permet d'aborder d'une façon complète l'étude dynamique et conduit à la solution de la plupart des problèmes que l'on est amené à se poser sur ces questions.

Pour préciser les raisonnements prenons l'équation déjà considérée

$$\frac{\partial^2 \varphi}{\partial t^2} = a^2 \left( \frac{\partial^2 \varphi}{\partial x^2} + \frac{\partial^2 \varphi}{\partial y^2} + \frac{\partial^2 \varphi}{\partial z^2} \right) + k\varphi. \tag{10}$$

La surface centrale est le cône de l'espace à quatre dimensions

$$(x - x_0)^2 + (y - y_0)^2 + (z - z_0)^2 = a^2 (t - t_0)^2. \tag{C}$$

Les fronts centraux seront des variétés sphériques à trois dimensions, et, comme nous l'avons déjà dit, les rayons seront normaux aux divers fronts d'onde.

1° Problème. — *On se donne sur une surface non caractéristique* $S(x, y, z\,;\, t)$, *tout entière extérieure au cône* (C) *dont le sommet est en chacun de ses points, la fonction* $\varphi$ *et sa dérivée conormale*

$$\frac{\partial \varphi}{\partial \nu} = \frac{\partial \varphi}{\partial t}\frac{\partial t}{\partial n} + a^2 \left( \frac{\partial \varphi}{\partial x}\frac{\partial x}{\partial n} + \frac{\partial \varphi}{\partial y}\frac{\partial y}{\partial n} + \frac{\partial \varphi}{\partial z}\frac{\partial z}{\partial n} \right);$$

*trouver une intégrale de l'équation* (8) *déterminée par ces conditions.*

Prenons un point M $(x_0, y_0, z_0; t_0)$ et menons le cône (C) passant par ce point. Il découpera sur (S) une variété $(S)_M$. La fonction $\varphi$ sera complètement déterminée en M par les valeurs de $\varphi$ et $\frac{\partial\varphi}{\partial\nu}$ sur la variété $(S)_M$.

Comme cas particulier supposons que la variété (S) ne dépende pas de $t$. Dans ce cas la dérivée conormale coincide avec la dérivée par rapport à $t$. On a la solution prenant sur une surface $S(x, y, z)$ des valeurs données ainsi que sa dérivée par rapport à $t$.

2° Problème. — Supposons la surface considérée formée de nappes caractéristiques. Dans ce cas, si l'on se donne la valeur de $\varphi$ sur les nappes, la dérivée conormale est égale, comme on l'a vu, à la dérivée suivant le rayon et se trouve par le fait même complètement déterminée.

*La valeur de $\varphi$ en un point M sera déterminée par la connaissance des valeurs qu'elle prend sur une variété $(S)_M$ définie par l'intersection du cône de sommet de M avec les frontières caractéristiques.*

L'extension de la méthode de Riemann résout donc complètement le problème de la détermination de ces mouvements intermédiaires.

## III. — La propagation des ondes

**44. La détermination de la vitesse de propagation.** — Nous avons défini, au numéro 40, ce que l'on entendait par vitesse de propagation d'un front d'onde. Nous avons été conduit à la relation

$$(4) \qquad V = \frac{\partial f}{\partial t}\frac{1}{\sqrt{\Delta_1 f}}, \qquad \Delta_1 f = \left(\frac{\partial f}{\partial x}\right)^2 + \left(\frac{\partial f}{\partial y}\right)^2 + \left(\frac{\partial f}{\partial z}\right)^2.$$

Soit $\Phi(f)$ la fonction caractéristique que nous supposerons du deuxième degré par rapport aux dérivées partielles ; si l'on pose comme d'habitude

$$\frac{\partial f}{\partial x} = X, \qquad \frac{\partial f}{\partial y} = Y, \qquad \frac{\partial f}{\partial z} = Z, \qquad \frac{\partial f}{\partial t} = T,$$

elle peut s'écrire sous la forme

$$(4') \qquad T^2 + 2T(AX + BY + CZ) + \varphi(X, Y, Z) = 0;$$

$\varphi(X, Y, Z)$ représente une fonction homogène et du deuxième degré en X, Y, Z ; A, B, C et les coefficients de $\varphi$ sont des fonctions de $(x, y, z, t)$.

On peut trouver immédiatement l'équation qui donne V en fonction des coefficients de l'équation et des cosinus directeurs $(a, b, c)$ de la normale au front d'onde pour le point considéré.

Divisons ($\Phi$) par

$$\Delta_1 f = X^2 + Y^2 + Z^2$$

et remarquons que

$$a = \frac{X}{\sqrt{\Delta_1 f}} \qquad b = \frac{Y}{\sqrt{\Delta_1 f}}, \qquad c = \frac{Z}{\sqrt{\Delta_1 f}}.$$

On aura :

$$(12) \qquad V^2 - 2V(Aa + Bb + Cc) + \varphi(a, b, c) = 0,$$

c'est l'équation cherchée.

On aurait pu parvenir autrement à cette formule par des considérations géométriques qui ne supposent point la formule (4). Pour simplifier l'exposition, supposons absente la variable $z$ et par suite Z et conservons les notations et les dénominations précédentes. Les ondes seront représentées dans l'espace E $(x, y ; t)$ par des surfaces, au sens ordinaire du mot, et les fronts d'onde par des lignes situées dans les plans $t = const.$ Considérons une onde passant par un point particulier A $(x, y ; t)$. Soient $\Pi$ le plan tangent et AN la normale en ce point. Cette dernière droite est une génératrice du cône des normales de sommet A

$$(\Phi) \qquad T^2 + 2T(AX + BY) + \varphi(X, Y) = 0$$

Soit $(\Phi_1)$ le réciproque de ce cône. Le plan tangent $\Pi$ le touche suivant une génératrice AM. Menons le plan $T = T_1$ où $T_1$ est infiniment petit et soient $n$, $m$ et $a$ les intersections avec AN, AM et la parallèle à $ot$ menée par A. $am$ mesure, aux infiniments petits d'ordre supérieur, le déplacement du front d'onde pendant la durée $Aa$ et l'on a

$$V = \lim \frac{ma}{Aa}$$
pour $\lim Aa = 0$ ;

ou bien encore, en remarquant que le triangle $mAn$ est rectangle en A :

$$V = \lim \frac{Aa}{an}$$
pour $\lim Aa = 0$.

Soient $(\alpha, \beta)$ les cosinus directeurs de $an$. Lorsque $Aa$ tend vers zéro, ces quantités tendent vers $(a, b)$ cosinus directeurs de la normale au front de l'onde $T = 0$. Posons $an = r$, les coordonnées de $n$ seront :

$$T = T_1 ; \qquad X = r\alpha, \qquad Y = r\beta.$$

Substituons dans $\Phi$, il vient :

$$T_1^2 + 2T_1(A\alpha + B\beta) + \varphi(\alpha, \beta) = 0.$$

Divisons par $r^2$ et faisons tendre $T_1$ vers zéro, on aura

$$V^2 + 2V(Aa + Bb) + \varphi(a, b) = 0,$$

ce qui est l'équation trouvée.

Les raisonnements que nous venons de faire sont indépendants du degré de la fonction caractéristique

$$\Phi_m\left(\frac{\partial f}{\partial x}, \frac{\partial f}{\partial y}, \frac{\partial f}{\partial z}, \frac{\partial f}{\partial t}\right).$$

D'une manière générale on peut énoncer le théorème suivant :

THÉORÈME VI. — *Etant donnée la fonction caractéristique qui correspond à l'équation d'un mouvement, on obtiendra l'équation aux vitesses en remplaçant $\frac{\partial f}{\partial t}$ par V, et $\left(\frac{\partial f}{\partial x}, \frac{\partial f}{\partial y}, \frac{\partial f}{\partial z}\right)$ par les cosinus directeurs (a, b, c) de la normale à l'onde au point considéré.*

Revenons à la formule (12). On peut dire qu'elle donne, pour le point $(x, y, z)$ et l'instant considéré, les vitesses relatives à la direction arbitraire $(a, b, c)$ dans l'espace à trois dimensions.

Pour que ces vitesses soient réelles il faut :

$$(A\alpha + B\beta + C\gamma)^2 - \varphi(\alpha, \beta, \gamma) > 0, \qquad (\alpha^2 + \beta^2 + \gamma^2 = 1).$$

Il y a des équations pour lesquelles cette condition ne sera jamais remplie, quelles que soient $\alpha$, $\beta$, $\gamma$. Ce sont les équations qui dérivent d'une fonction caractéristique définie positive. On sait d'ailleurs que dans ce cas les surfaces d'onde sont imaginaires. Pour de tels mouvements il ne saurait y avoir propagation par onde.

Si la forme $\Phi(f)$ n'est point définie positive, deux cas seront à distinguer :

1° L'axe *ot* est intérieur au cône $(\Phi)$ ; les vitesses sont réelles quelque soit la direction $(\alpha, \beta, \gamma)$.

2° L'axe *ot* est extérieur ; les vitesses ne seront réelles que pour les directions satisfaisant à la condition indiquée. Ce sont toutes les directions intérieures au cône dont le sommet serait le point *a* et qui serait circonscrit à la quadrique déterminée dans $(\Phi)$ par la variété $T = T_1$.

Remarquons que les vitesses de propagations dans les équations que nous venons de considérer sont indépendantes des données initiales et même de la surface caractéristique considérée. Elles ne dépendent que de la fonction caractéristique, c'est-à-dire de l'ensemble des termes formé par les dérivées d'ordre supérieur. Dans toutes les questions de vitesse on pourra se borner à la considération de ces termes.

**45. Application à quelques équations.** — Considérons par exemple l'équation des petits mouvements des fluides non visqueux

$$\frac{\partial^2 \varphi}{\partial t^2} = \left(\frac{\partial^2 \varphi}{\partial x^2} + \frac{\partial^2 \varphi}{\partial y^2} + \frac{\partial^2 \varphi}{\partial z^2}\right) a^2, \tag{13}$$

on aura

$$V^2 = (\alpha^2 + \beta^2 + \gamma^2)\, a^2.$$

D'où $V^2 = a^2$, ce qui est un résultat bien connu.

D'après la remarque que nous avons faite, on aura la même expression de la vitesse pour toutes les équations de la forme

$$(14) \qquad \frac{\partial^2\varphi}{\partial t^2} - a^2\left(\frac{\partial^2\varphi}{\partial x^2} + \frac{\partial^2\varphi}{\partial y^2} + \frac{\partial^2\varphi}{\partial z^2}\right) + H(x, y, z, t, \varphi) = 0,$$

H ne dépendant pas des dérivées secondes de $\varphi$. C'est ce qui a lieu par exemple pour l'équation des télégraphistes.

En électricité, l'étude de la propagation des flux longitudinaux dans un milieu homogène à la fois conducteur et diélectrique conduit à l'équation

$$(15) \qquad (1 + 4\pi\varepsilon F)\frac{\partial}{\partial t}\Delta\theta - 4\pi a\lambda F\frac{\partial^2\theta}{\partial t^2} - \frac{4\pi}{\rho}\left(\Delta\theta - a\lambda\frac{\partial^2\theta}{\partial t^2}\right) = 0$$

où

$$\Delta\theta = \frac{\partial^2\theta}{\partial x^2} + \frac{\partial^2\theta}{\partial y^2} + \frac{\partial^2\theta}{\partial z^2}.$$

La fonction caractéristique est ici

$$\Phi(f) = (1 + 4\pi\varepsilon F)\frac{\partial f}{\partial t}\left[\left(\frac{\partial f}{\partial x}\right)^2 + \left(\frac{\partial f}{\partial y}\right)^2 + \left(\frac{\partial f}{\partial z}\right)^2\right] - 4\pi a\lambda F\left(\frac{\partial f}{\partial t}\right)^3$$

et par suite on aura pour équation des vitesses

$$V[(1 + 4\pi\varepsilon F)(\alpha^2 + \beta^2 + \gamma^2) - 4\pi a\lambda F V^2] = 0.$$

ce qui correspond aux vitesses

$$V = 0 \quad \text{et} \quad V^2 = \frac{1 + 4\pi\varepsilon F}{4\pi a\lambda F}.$$

Si $\lambda F$ tend vers 0, comme cela a lieu pour l'hypothèse de Maxwell, on voit que la deuxième expression de la vitesse devient infinie ce qui correspond physiquement à l'absence de propagation de semblables flux.

## IV. — L'Extension aux Systèmes d'Equations

**46. Extension de la notion de multiplicités aux systèmes d'équations. Surface d'onde.** — Bien qu'il n'entre point dans le but de ce travail de traiter les systèmes d'équations, nous indiquerons sommairement comment certaines des propositions énoncées peuvent s'étendre dans ce cas.

Nous devons tout d'abord généraliser la notion de multiplicités caractéristiques.

Considérons dans l'espace à quatre dimensions l'hypersurface $f(x, y, z; t)$. Nous avons trouvé, pour tout déplacement sur cette surface, l'expression suivante des divers éléments d'une fonction $u(x, y, z, t)$

$$\frac{\partial^k u}{\partial x^\alpha \partial y^\beta \partial z^\gamma \partial t^\delta} = p^{k)}_{x^\alpha y^\beta z^\gamma t^\delta}(\lambda_0, \lambda_1, \ldots \lambda_k) f.$$

Si au lieu d'une seule fonction, on en a plusieurs $u, v, w$, on introduira pour exprimer leurs éléments autant de groupes de fonctions arbitraires $\lambda, \mu, \nu$.

En particulier pour les éléments du premier ordre on aura les expressions suivantes où $u_0, v_0, w_0$ remplacent $\lambda_0, \mu_0, \nu_0$ :

$$(16)\quad \left\{\begin{array}{lll} \dfrac{\partial u}{\partial x} = \dfrac{\partial u_0}{\partial x} + \lambda_1 \dfrac{\partial f}{\partial x}, & \dfrac{\partial v}{\partial x} = \dfrac{\partial v_0}{\partial x} + \mu_1 \dfrac{\partial f}{\partial x}, & \dfrac{\partial w}{\partial x} = \dfrac{\partial w_0}{\partial x} + \nu_1 \dfrac{\partial f}{\partial x}. \\ \dfrac{\partial u}{\partial y} = \dfrac{\partial u_0}{\partial y} + \lambda_1 \dfrac{\partial f}{\partial y}, & \dfrac{\partial v}{\partial y} = \dfrac{\partial v_0}{\partial y} + \mu_1 \dfrac{\partial f}{\partial y}, & \dfrac{\partial w}{\partial y} = \dfrac{\partial w_0}{\partial y} + \nu_1 \dfrac{\partial f}{\partial y}. \\ \dfrac{\partial u}{\partial z} = \dfrac{\partial u_0}{\partial z} + \lambda_1 \dfrac{\partial f}{\partial z}, & \dfrac{\partial v}{\partial z} = \dfrac{\partial v_0}{\partial z} + \mu_1 \dfrac{\partial f}{\partial z}, & \dfrac{\partial w}{\partial z} = \dfrac{\partial w_0}{\partial z} + \nu_1 \dfrac{\partial f}{\partial z}. \\ \dfrac{\partial u}{\partial t} = \dfrac{\partial u_0}{\partial t} + \lambda_1 \dfrac{\partial f}{\partial t}, & \dfrac{\partial v}{\partial t} = \dfrac{\partial v_0}{\partial t} + \mu_1 \dfrac{\partial f}{\partial t}, & \dfrac{\partial w}{\partial t} = \dfrac{\partial w_0}{\partial t} + \nu_1 \dfrac{\partial f}{\partial t}. \end{array}\right.$$

Pour les dérivées du second ordre on introduirait les fonctions $\lambda_2, \mu_2, \nu_2$.

On aura en général :

$$(17)\quad \left\{\begin{array}{l} \dfrac{\partial^k u}{\partial x^\alpha \partial y^\beta \partial z^\gamma \partial t^\delta} = p^{(k)}_{x^\alpha y^\beta z^\gamma t^\delta}(u_0, \lambda_1, \lambda_2, \ldots, \lambda_k) f; \qquad \alpha + \beta + \gamma + \delta = k; \\ \dfrac{\partial^k v}{\partial x^\alpha \partial y^\beta \partial z^\gamma \partial t^\delta} = p^{(k)}_{x^\alpha y^\beta z^\gamma t^\delta}(v_0, \mu_1, \mu_2, \ldots, \mu_k) f; \\ \dfrac{\partial^k w}{\partial x^\alpha \partial y^\beta \partial z^\gamma \partial t^\delta} = p^{(k)}_{x^\alpha y^\beta z^\gamma t^\delta}(w_0, \nu_1, \nu_2, \ldots, \nu_k) f. \end{array}\right.$$

Considérons un fluide en mouvement. Soient $x, y, z$, les coordonnées d'un point, $t$ le temps et $(u, v, w)$ trois fonctions du mouvement.

*On dira qu'une hypersurface* f(x, y, z : t) *est onde d'ordre* (n + 1) *s'il peut exister deux systèmes des fonctions* (u, v, w) *qui définissent le mouvement, telles que pour une valeur quelconque de* t *les deux systèmes de fonctions et leurs dérivées jusqu'à l'ordre* n *prennent les mêmes valeurs sur l'hypersurface* f(x, y, z; t) *sans qu'il en soit de même pour toutes leurs dérivées d'ordre* (n + 1).

Comme dans le cas d'une seule fonction, si l'on veut éviter la considération d'un espace à quatre dimensions, on peut faire abstraction de la variable $t$ et ne tenir compte dans la représentation que de $x, y, z$. *Une surface* S(x, y, z) *variable avec* t, *sera une onde d'ordre* n + 1 *si elle partage l'espace* $E_3$ (x, y, z) *en ré-*

*gions variables avec* t *pour lesquelles correspondent des fonctions* (u, v, w) *égales à chaque instant ainsi que leurs dérivées jusqu'à l'ordre* n *sur la surface* S(x, y, z), *sans qu'il en soit de même pour toutes les dérivées d'ordre* (n + 1).

C'est la définition même d'Hugoniot ; c'est également celle qui a été prise comme point de départ par M. Duhem dans ses recherches sur les ondes [1].

On peut toujours supposer que sur une onde d'ordre $n+1$ le système de fonctions s'annule ainsi que ses éléments jusqu'à l'ordre $n$ inclusivement. Il suffira par exemple de considérer les fonctions

$$u_1 - u_2 = U, \quad v_1 - v_2 = V, \quad w_1 - w_2 = W$$

où $(u_1 v_1 w_1)$ et $(u_2, v_2, w_2)$ désignent les valeurs des fonctions pour deux régions séparées par $f$.

Dans ces conditions on aura pour l'expression des éléments d'ordre $n+1$ sur une surface d'onde

$$(18)\quad \left\{\begin{aligned} \frac{\partial^{n+1} U}{\partial x^\alpha \partial y^\beta \partial z^\gamma \partial t^\delta} &= \lambda \left(\frac{\partial f}{\partial x}\right)^\alpha \left(\frac{\partial f}{\partial y}\right)^\beta \left(\frac{\partial f}{\partial z}\right)^\gamma \left(\frac{\partial f}{\partial t}\right)^\delta, \\ \frac{\partial^{n+1} V}{\partial x^\alpha \partial y^\beta \partial z^\gamma \partial t^\delta} &= \mu \left(\frac{\partial f}{\partial x}\right)^\alpha \left(\frac{\partial f}{\partial y}\right)^\beta \left(\frac{\partial f}{\partial z}\right)^\gamma \left(\frac{\partial f}{\partial t}\right)^\delta, \\ \frac{\partial^{n+1} W}{\partial x^\alpha \partial y^\beta \partial z^\gamma \partial t^\delta} &= \nu \left(\frac{\partial f}{\partial x}\right)^\alpha \left(\frac{\partial f}{\partial y}\right)^\beta \left(\frac{\partial f}{\partial z}\right)^\gamma \left(\frac{\partial f}{\partial t}\right)^\delta. \end{aligned}\right.$$

Introduisons les cosinus directeurs $(a, b, c)$ de la normale en un point du front d'onde relatif à l'instant $t$ ; on a

$$\frac{\partial f}{\partial x} = a\sqrt{\Delta_1 f}, \quad \left(\frac{\partial f}{\partial y}\right) = b\sqrt{\Delta_1 f}, \quad \frac{\partial f}{\partial z} = c\sqrt{\Delta_1 (f)}$$

et par suite

$$(19)\quad \left\{\begin{aligned} \frac{\partial^{n+1} U}{\partial x^\alpha \partial y^\beta \partial z^\gamma \partial t^\delta} &= L_\delta a^\alpha b^\beta c^\gamma, & L_\delta &= \lambda \left(\frac{\partial f}{\partial t}\right)^\delta (\sqrt{\Delta_1 f})^{n+1-\delta} \\ \frac{\partial^{n+1} V}{\partial x^\alpha \partial y^\beta \partial z^\gamma \partial t^\delta} &= M_\delta a^\alpha b^\beta c^\gamma, & M_\delta &= \mu \left(\frac{\partial f}{\partial t}\right)^\delta (\sqrt{\Delta_1 f})^{n+1-\delta} \\ \frac{\partial^{n+1} W}{\partial x^\alpha \partial y^\beta \partial z^\gamma \partial t^\delta} &= N_\delta a^\alpha b^\beta c^\gamma, & N_\delta &= \nu \left(\frac{\partial f}{\partial t}\right)^\delta (\sqrt{\Delta_1 f})^{n+1-\delta}. \end{aligned}\right.$$

(1) Hugoniot, *Journal de mathématiques 1886*. — M. Duhem, *Cours d'Hydrodynamique et d'Elasticité*, t. I et *Cours de la Faculté des Sciences de Bordeaux*, 1900-1901.

Les fonctions ($L\delta$, $M\delta$, $N\delta$) relatives à un même front d'onde forment un système de $(n+2)$ vecteurs en progression géométrique. La raison de la progression

$$V = \frac{\partial f}{\partial t} \frac{1}{\sqrt{\Delta_1 f}}, \tag{4}$$

représente la vitesse de propagation.

La direction commune de ces vecteurs définit ce que l'on appelle la *direction de propagation de l'onde* [1]. La propagation est *longitudinale* lorsque la direction est normale au front d'onde ; elle est *transversale* lorsqu'elle est dans le plan du front d'onde. Ici encore la considération des vecteurs peut, dans la plupart des questions, être remplacée avantageusement par les formules (18).

**47. Les conditions caractéristiques.** — Les conditions auxquelles doivent satisfaire les fonctions ($\lambda$, $\mu$, ...) et la surface $f(x, y, z, t)$ s'obtiennent d'une façon analogue à celle qui a déjà été employée.

Pour simplifier, supposons qu'il s'agisse d'une onde du premier ordre dans un mouvement défini par les deux équations

$$\left\{\begin{aligned} \frac{\partial u}{\partial t} &= a\frac{\partial u}{\partial x} + b\frac{\partial u}{\partial y} + a'\frac{\partial v}{\partial x} + b'\frac{\partial v}{\partial y} + g, \\ \frac{\partial v}{\partial t} &= c\frac{\partial u}{\partial x} + d\frac{\partial u}{\partial y} + c'\frac{\partial v}{\partial x} + d'\frac{\partial v}{\partial y} + h. \end{aligned}\right. \tag{20}$$

Remplaçons les éléments du premier ordre des fonctions ($u$, $v$) par leurs valeurs sur la surface d'onde $f(x, y; t)$. On aura, en groupant les termes en $\lambda$ et $\mu$,

$$\left(a\frac{\partial f}{\partial x} + b\frac{\partial f}{\partial y} - \frac{\partial f}{\partial t}\right)\lambda + \left(a'\frac{\partial f}{\partial x} + b'\frac{\partial f}{\partial y}\right)\mu = \frac{\partial u_0}{\partial t} - a\frac{\partial u_0}{\partial x} - \ldots - g,$$

$$\left(c\frac{\partial f}{\partial x} + d\frac{\partial f}{\partial y}\right)\lambda + \left(c'\frac{\partial f}{\partial x} + d'\frac{\partial f}{\partial y} - \frac{\partial f}{\partial t}\right)\mu = \frac{\partial v_0}{\partial t} - c\frac{\partial u_0}{\partial x} - \ldots - h.$$

de calcul de $\lambda$ et $\mu$ sera indéterminé si les deux conditions suivantes sont remplies :

$$\begin{vmatrix} a\frac{\partial f}{\partial x} + b\frac{\partial f}{\partial y} - \frac{\partial f}{\partial t}, & a'\frac{\partial f}{\partial x} + b'\frac{\partial f}{\partial y} \\ c\frac{\partial f}{\partial x} + d\frac{\partial f}{\partial y}, & c'\frac{\partial f}{\partial x} + d'\frac{\partial f}{\partial y} - \frac{\partial f}{\partial t} \end{vmatrix} = 0, \tag{21}$$

$$\begin{vmatrix} a\frac{\partial f}{\partial x} + b\frac{\partial f}{\partial y} - \frac{\partial f}{\partial t}, & \frac{\partial u_0}{\partial t} - a\frac{\partial u_0}{\partial x} - \ldots - g \\ c\frac{\partial f}{\partial x} + d\frac{\partial f}{\partial y}, & \frac{\partial v_0}{\partial t} - c\frac{\partial u_0}{\partial x} - \ldots - h \end{vmatrix} = 0. \tag{22}$$

Si les coefficients ($a$ $b$ ...) sont indépendants des fonctions $u$ et $v$, le premier déterminant définit $f(x, y; t)$ par une équation aux dérivées partielles du premier ordre homogène que nous désignerons encore sous le nom de fonction caractéristique $\Phi(f)$,

[1] Hadamard, *loc. cit.*

et l'on connaîtra, indépendamment des données initiales $u_0$ $v_0$ et $\lambda$, $\mu$, les surfaces d'indétermination.

Tous les raisonnements que nous avons fait sur la génération des surfaces d'ondes et par suite, la construction d'Huygens, sont applicables à la détermination de $f(x, y; t)$. L'onde une fois choisie, il ne restera qu'une seule relation entre les données initiales $u_0$, $v_0$ des fonctions $u$, $v$.

En supposant ces conditions remplies et les surfaces $f(x, y; t)$ réelles, il resterait à démontrer que l'on peut effectivement construire les fonctions $u$ et $v$ à l'aide de séries convergentes au voisinage d'un point de cette surface. C'est ce qui résulte de la généralisation du théorème de Beudon, énoncée par M. Hadamard dans le cas particulier suivant [1] :

*Un système de trois équations du second ordre à trois fonctions inconnues, étant donné, ainsi que deux multiplicités, l'une caractéristique, l'autre quelconque, sécantes entre elles, on peut opérer un changement de fonctions inconnues tel que la solution soit déterminée par les valeurs de deux des nouvelles inconnues et de leurs dérivées premières sur la multiplicité caractéristique, jointes aux valeurs de la troisième inconnue sur la seconde multiplicité* (toutes ces données étant analytiques et régulières).

**48. Applications diverses. Formules d'Hugoniot.** — Les considérations qui précèdent permettent de retrouver facilement les résultats connus sur les ondes et les vitesses de propagation.

On sait toute l'importance, en optique, de la surface d'onde de Fresnel. Pour l'obtenir, nous partirons des équations de Lamé

$$(23)\quad \left\{\begin{aligned} \frac{\partial^2 u}{\partial t^2} &= c^2 \frac{\partial}{\partial y}\left(\frac{\partial u}{\partial y} - \frac{\partial v}{\partial x}\right) - b^2 \frac{\partial}{\partial z}\left(\frac{\partial w}{\partial x} - \frac{\partial u}{\partial z}\right), \\ \frac{\partial^2 v}{\partial t^2} &= a^2 \frac{\partial}{\partial z}\left(\frac{\partial v}{\partial z} - \frac{\partial w}{\partial y}\right) - c^2 \frac{\partial}{\partial x}\left(\frac{\partial v}{\partial y} - \frac{\partial u}{\partial x}\right), \\ \frac{\partial^2 w}{\partial t^2} &= b^2 \frac{\partial}{\partial x}\left(\frac{\partial w}{\partial x} - \frac{\partial u}{\partial y}\right) - a^2 \frac{\partial}{\partial y}\left(\frac{\partial v}{\partial z} - \frac{\partial w}{\partial y}\right). \end{aligned}\right.$$

Groupons les termes qui renferment la même fonction et remarquons que, d'après les formules (18), on a sur une onde du troisième ordre $f(x, y, z; t)$,

$$\frac{\partial^2 u}{\partial t^2} = \lambda \left(\frac{\partial f}{\partial t}\right)^2, \qquad \frac{\partial^2 u}{\partial x^2} = \lambda \left(\frac{\partial f}{\partial x}\right)^2, \qquad \frac{\partial^2 u}{\partial x \partial y} = \lambda \frac{\partial f}{\partial x}\frac{\partial f}{\partial y}, \text{ etc.}$$

il vient, pour la fonction caractéristique,

$$(24)\quad \begin{vmatrix} \left(\frac{\partial f}{\partial t}\right)^2 - c^2\left(\frac{\partial f}{\partial y}\right)^2 - b^2\left(\frac{\partial f}{\partial z}\right)^2, & c^2 \frac{\partial f}{\partial y}\frac{\partial f}{\partial x}, & b^2 \frac{\partial f}{\partial x}\frac{\partial f}{\partial z} \\ c^2 \frac{\partial f}{\partial y}\frac{\partial f}{\partial x}, & \left(\frac{\partial f}{\partial t}\right)^2 - a^2\left(\frac{\partial f}{\partial z}\right)^2 - c^2\left(\frac{\partial f}{\partial x}\right)^2, & a^2 \frac{\partial f}{\partial y}\frac{\partial f}{\partial z} \\ b^2 \frac{\partial f}{\partial z}\frac{\partial f}{\partial x}, & a^2 \frac{\partial f}{\partial y}\frac{\partial f}{\partial z}, & \left(\frac{\partial f}{\partial t}\right)^2 - b_2\left(\frac{\partial f}{\partial x}\right)^2 - a^2\left(\frac{\partial f}{\partial y}\right)^2 \end{vmatrix} = 0.$$

[1] Voir la note souvent citée p. 60.

Développons ce déterminant et posons

$$X = \frac{\partial f}{\partial x}, \quad Y = \frac{\partial f}{\partial y}, \quad Z = \frac{\partial f}{\partial z}, \quad T = \frac{\partial f}{\partial t},$$

il vient

$$\left(\frac{X^2}{a^2} + \frac{Y^2}{b^2} + \frac{Z^2}{c^2}\right)(X^2 + Y^2 + Z^2)$$

$$- T^2 \left[\frac{X^2}{a^2}\left(\frac{1}{b^2} + \frac{1}{c^2}\right) + \frac{Y^2}{b^2}\left(\frac{1}{c^2} + \frac{1}{a^2}\right) + \frac{Z^2}{c^2}\left(\frac{1}{a^2} + \frac{1}{b^2}\right)\right] + \frac{T^4}{a^2 b^2 c^2} = 0;$$

que l'on peut encore écrire

$$(\Phi) \qquad \frac{X^2}{T^2 - a^2 R^2} + \frac{Y^2}{T^2 - b^2 R^2} + \frac{Z^2}{T^2 - c^2 R^2} = 0.$$

Si l'on regarde X, Y, Z, T comme des coordonnées courantes, l'équation précédente représente ce que nous avons appelé le cône des normales. Il nous suffira de prendre le réciproque pour avoir la surface centrale. On obtient

$$(C) \qquad \frac{a^2 X^2}{a^2 T^2 - R^2} + \frac{b^2 Y^2}{b^2 T^2 - R^2} + \frac{c^2 Z^2}{c^2 T^2 - R^2} = 0.$$

Si l'on fait dans cette équation $T = 1$, on a la surface d'onde de Fresnel. Si l'on remplace dans $(\Phi)$ $T^2$ par $V^2$ et X, Y, Z par $(\alpha, \beta, \gamma)$, on aura l'équation aux vitesses.

En raisonnant de la même façon sur les équations générales de l'élasticité on sera conduit à une équation discutée complètement par Christoffel [1].

Lorsque les coefficients des dérivées d'ordre supérieur dépendent des fonctions inconnues, la fonction caractéristique ne permettra plus de déterminer les surfaces d'ondes indépendamment des données initiales de ces fonctions. Mais le théorème relatif à la détermination des vitesses subsiste encore. C'est ce que nous allons voir en cherchant à retrouver les formules d'Hugoniot relatives aux vitesses des fronts d'onde en Hydrodynamique. Nous ferons le calcul pour les équations d'Euler

$$(25) \qquad \left\{\begin{aligned} &\frac{\partial u}{\partial t} + u\frac{\partial u}{\partial x} + v\frac{\partial u}{\partial y} + w\frac{\partial u}{\partial z} + \frac{1}{\rho}\frac{\partial \Pi}{\partial x} - X = 0,\\ &\frac{\partial v}{\partial t} + u\frac{\partial v}{\partial x} + v\frac{\partial v}{\partial y} + w\frac{\partial v}{\partial z} + \frac{1}{\rho}\frac{\partial \Pi}{\partial y} - Y = 0,\\ &\frac{\partial w}{\partial t} + u\frac{\partial w}{\partial x} + v\frac{\partial w}{\partial y} + w\frac{\partial w}{\partial z} + \frac{1}{\rho}\frac{\partial \Pi}{\partial z} - Z = 0,\\ &\frac{\partial \rho}{\partial t} + u\frac{\partial \rho}{\partial x} + v\frac{\partial \rho}{\partial y} + w\frac{\partial \rho}{\partial z} + \rho\left(\frac{\partial u}{\partial x} + \frac{\partial v}{\partial y} + \frac{\partial w}{\partial z}\right) = 0.\end{aligned}\right.$$

(1) CHRISTOFFEL, *Ueber die Fortpflanzung von Stössen durch elastiche feste Körper* (*Annali di matematica* S. II, t. VIII, p. 202 ; 1877).

Nous devons adjoindre une relation supplémentaire. Prenons

$$\Pi = F(\rho). \tag{26}$$

En différentiant par rapport à $x$, $y$ et $z$ on obtiendra

$$\frac{\partial \Pi}{\partial x} = J\frac{\partial \rho}{\partial x}, \quad \frac{\partial \Pi}{\partial y} = J\frac{\partial \rho}{\partial y}, \quad \frac{\partial \Pi}{\partial z} = J\frac{\partial \rho}{\partial z} \tag{27}$$

où l'on a posé

$$J = \frac{dF}{d\rho}.$$

A l'aide de (26) et de (27) on peut éliminer $\Pi$ des trois premières équations (25) ce qui donne :

$$\left\{\begin{aligned}
&\frac{\partial u}{\partial t} + u\frac{\partial u}{\partial x} + v\frac{\partial u}{\partial y} + w\frac{\partial u}{\partial z} + \frac{J}{\rho}\frac{\partial \rho}{\partial x} - X = 0,\\
&\frac{\partial v}{\partial t} + u\frac{\partial v}{\partial x} + v\frac{\partial v}{\partial y} + w\frac{\partial v}{\partial z} + \frac{J}{\rho}\frac{\partial \rho}{\partial y} - Y = 0,\\
&\frac{\partial w}{\partial t} + u\frac{\partial w}{\partial x} + v\frac{\partial w}{\partial y} + w\frac{\partial w}{\partial z} + \frac{J}{\rho}\frac{\partial \rho}{\partial z} - Z = 0,\\
&\frac{\partial \rho}{\partial t} + u\frac{\partial \rho}{\partial x} + v\frac{\partial \rho}{\partial y} + w\frac{\partial \rho}{\partial z} + \rho\left(\frac{\partial u}{\partial x} + \frac{\partial v}{\partial y} + \frac{\partial w}{\partial z}\right) = 0.
\end{aligned}\right. \tag{28}$$

Désignons par l'indice zéro les valeurs d'une fonction sur l'hypersurface caractéristique $f(x, y, z\,;\,t)$ et introduisons la notation

$$\frac{\overline{df}}{dt} = \frac{\partial f}{\partial t} + u_0\frac{\partial f}{\partial x} + v_0\frac{\partial f}{\partial y} + w_0\frac{\partial f}{\partial z}.$$

L'équation caractéristique sera donnée par le déterminant qui se déduit immédiatement de (28) :

$$\begin{vmatrix}
\frac{\overline{df}}{dt} & 0 & 0 & \frac{J_0}{\rho_0}\frac{\partial f}{\partial x}\\
0 & \frac{\overline{df}}{dt} & 0 & \frac{J_0}{\rho_0}\frac{\partial f}{\partial y}\\
0 & 0 & \frac{\overline{df}}{dt} & \frac{J_0}{\rho_0}\frac{\partial f}{\partial z}\\
\rho_0\frac{\partial f}{\partial x} & \rho_0\frac{\partial f}{\partial y} & \rho_0\frac{\partial f}{\partial z} & \frac{\overline{df}}{dt}
\end{vmatrix} = 0 \tag{29}$$

Développons ce déterminant et remplaçons comme d'habitude $\frac{\partial f}{\partial x}$ par X et etc. ; il vient

$$(\Phi) \quad (T + u_0X + v_0Y + w_0Z)^2 \left[(T + u_0X + v_0Y + w_0Z)^2 - J_0 (X^2 + Y^2 + Z^2)\right] = 0$$

On obtient l'équation aux vitesses en remplaçant T par V et (X, Y, Z) par $a$, $b$, $c$)

$$(30) \qquad (V + u_0a + v_0b + w_0c)^2 \left[(u_0a + v_0b + w_0c + V)^2 - J_0\right] = 0$$

Elle se décompose et donne

$$(31) \qquad V = -(u_0a + v_0b + w_0c)$$

qui correspond aux vibrations transversales, et

$$(32) \qquad V = -(u_0a + v_0b + w_0c) \pm \sqrt{J_0}\,;$$

c'est au signe près, la formule d'Hugoniot (*Journal de Mathématiques*, p. 489 ; 1886).

En procédant d'une façon toute semblable avec les équations de Lagrange, on serait conduit, par le développement d'un déterminant dont la formation est évidente, aux formules du second mémoire (*Journal de Mathématiques*, p. 163 ; 1888).

Au lieu de prendre la relation supplémentaire sous la forme 26, on aurait pu partir de l'équation de compressibilité et de dilatation telle que l'a donnée M. Duhem dans ses leçons :

$$\Pi + \rho^2 \left[A(\rho) + \frac{\partial \zeta(\rho, \tau)}{\partial \rho}\right] = 0.$$

Mais il faut alors remarquer, avec M. Duhem, que *si le coefficient de conductibilité n'est pas nul*, une onde d'ordre $n$ pour $u$, $v$, $w$, $\Pi$, $\rho$ est forcément d'ordre $n + 1$ pour la température $\tau$ (1).

Les résultats d'Hugoniot rentrent donc, comme cas particuliers, dans le théorème VI.

En résumé nous pouvons énoncer la proposition suivante :

*Etant donné un système d'équation aux dérivées partielles, linéaire par rapport aux dérivées d'ordre supérieur et définissant un mouvement ; la détermination des ondes se ramène à l'intégration de la fonction caractéristique ; les vitesses des fronts d'onde s'obtiennent par la résolution d'une équation algébrique qui se déduit de la fonction caractéristique en remplaçant* $\frac{\partial f}{\partial t}$ *par* V, $\left(\frac{\partial f}{\partial x}, \frac{\partial f}{\partial y}, \frac{\partial f}{\partial z}\right)$ *par les cosinus directeurs de la normale au front pour le point considéré.*

(1) *Comptes-rendus*, séances du 11 février et du 3 juin 1901.

*Vu et approuvé :*
Paris, le 19 février 1902,
LE DOYEN DE LA FACULTÉ DES SCIENCES,
G. DARBOUX.

*Vu et permis d'imprimer :*
LE VICE-RECTEUR DE L'ACADÉMIE DE PARIS,
GRÉARD.

## SECONDE THÈSE

### PROPOSITIONS DONNÉES PAR LA FACULTÉ

**Sur la déformation des milieux continus.**

*Vu et approuvé :*
Paris, le 19 février 1902,
LE DOYEN DE LA FACULTÉ DES SCIENCES,
G. DARBOUX.

*Vu et permis d'imprimer :*
LE VICE-RECTEUR DE L'ACADÉMIE DE PARIS,
GRÉARD.

# TABLE DES MATIÈRES

## CHAPITRE V

SAINT-AMAND (CHER). — IMPRIMERIE SCIENTIFIQUE ET LITTÉRAIRE, BUSSIÈRE.

CPSIA information can be obtained at www.ICGtesting.com
Printed in the USA
BVOW11s1757030314

346526BV00008B/588/P